重庆文理学院学术专著出版资助

基于数字技术的山地景观规划设计研究

Research on Mountain Landscape Planning and Design Based on Digital Technology

崔 星 著

U0250536

中国建筑工业出版社

图书在版编目（CIP）数据

基于数字技术的山地景观规划设计研究 =Research
on Mountain Landscape Planning and Design Based on
Digital Technology / 崔星著 . -- 北京：中国建筑工
业出版社，2024.9. -- ISBN 978-7-112-30153-9

Ⅰ . TU983

中国国家版本馆 CIP 数据核字第 2024JV7905 号

　　山地作为自然资源、生态环境、历史文化的重要载体，其规划研究备受关注。学者们通过丰富的实践探索，如山地生态、雨洪与防灾、农业景观、公园、城镇与村落、参数化设计等，创新了山地研究方法。本研究以山地景观规划为重点，利用 BIM、GIS 平台，完成了山地景观信息集成与模型构建，提供智能化、数字化设计途径。研究结果表明：①借鉴 BIM 技术，探索山地地形设计参数关联方法，可优化设计程序，提高设计精细化；②利用 BIM 平台实现方案变更与优化，建立参数关联，可实现设计全程可控；③通过 GIS 与 BIM 互补，可实现景观实体参数化设计，提升规划设计精准度；④BIM 与 GIS 的协同是景观规划设计的必然过程，为规划、设计、建设、管理提供全面信息支撑。

责任编辑：黄　翊　徐　冉
责任校对：赵　力

.

基于数字技术的山地景观规划设计研究

Research on Mountain Landscape Planning and Design Based on Digital Technology

崔　星　著

*

中国建筑工业出版社出版、发行（北京海淀三里河路 9 号）

各地新华书店、建筑书店经销
北京雅盈中佳图文设计公司制版
建工社（河北）印刷有限公司印刷

*

开本：787 毫米 ×960 毫米　1/16　印张：$13\frac{1}{4}$　字数：164 千字
2024 年 8 月第一版　2024 年 8 月第一次印刷
定价：**58.00** 元
ISBN 978-7-112-30153-9
（43549）

前　言

在这个信息化和数字化日益高度融合的时代，山地景观地形规划设计不再仅仅依赖于传统的经验和直观判断，而是逐渐被精确的数据分析、模拟技术以及数字化工具所支撑和引导。本书应运而生，旨在为读者提供一套综合的、基于数字技术的山地景观规划设计新模式。本书的研究源于对山地环境独特性的深刻理解和保护需求。山地作为地球上最为复杂和多样的地形之一，拥有独特的生态系统、自然资源以及文化遗产，同时也面临着自然灾害、生态破坏和不合理开发的挑战。因此，山地景观地形规划设计的研究和实践对于保护山地环境、促进可持续发展具有重要意义。本书的研究目的在于探索和建立一种融合了数字技术的山地景观规划设计方法，这种方法能够协调环境保护和人类活动的关系，提高山地地区的抗灾能力，同时也为山地的经济社会发展提供支撑。通过国内外的研究进展概述，本书集结了数字技术在景观规划应用中的最新进展，涵盖了数字工具和软件在实践中的应用案例，为读者呈现出一幅科技前沿与实践经验相结合的全景。

本书中，对 ArcGIS、ENVI、Fragstats、CityEngine 等分析软件的应用进行了深入研究，剖析了它们在地形分析、水文分析、植被分析等方面的应用逻辑和方法。同时，Civil 3D、Revit、Grasshopper、Dynamo 及 Python+GIS 等参数化编辑软件的应用研究，为场地参数化设计、道路参数化设计提供了创新工具和方法。基于对遥感技术、模拟与可视化技术的应用研究，以及数字生态和数据标准转换的相关内容，为山地景观规划设计提供了全新的视角和技术路径。通过关于无人机（UAV）采集方法、GPS 测量方法等数据采集技术的讨论，扩展了传统景观规划设计的研究边界，增强了数据的丰富性和准确性。本书第 3 章"山地景观规划研究概况"，不仅总结了山地生态研究、防灾、公园以及农业规划的现状，还指出了当前研究存在的不足与挑战。这些挑战包括多元数据采集与集成的困难、缺乏山地模型比对、跨学科协作的障碍以及景观可视化模拟的限制。并进一步提出了基于数字技术的山地景观规划设计研究，深入探讨了基于不同数字平台的山地设计研究，包括景观信息模型（LIM）的构建、GIS+BIM 协同的工作流程，以及这些技术在实际案例中的应用。通过 InfraWorks 与 Civil3D 的地形可视化分析与设计案例，展示了如何在实践中将理论和技术相结合。最后，本书的"结论与讨论"部分对 BIM 平台的影响、GIS+BIM 协同途径的内涵与影响进行了全面的梳理，为未来山地景观规划设计的研究与实践指明了方向。

出于成本考虑以及使本书能够更广泛地被接触与阅读，最终黑白印刷出版，笔者深知色彩对于传达视觉信息的重要性，也理解这一改变可能会对您的阅读体验产生影响。在此，诚挚地向您表示歉意，并希望即便缺少了色彩的渲染，书中图片仍能对您理解提供帮助和支持。希望本书能够为从事山地景观规划设计的研究学者、规划师、设计师、工程师以及相关领域的决策者提供参考和启发，共同推动山地景观规划设计向着更加科学、系统和可持续的方向发展。

崔　星

2023 年 12 月　重庆

目　录

1

山地景观规划设计

逻辑与方法

山地，作为地球上重要的自然地理单元之一，承载着丰富的生物多样性和独特的景观特征。然而，山地的规划设计却面临着诸多困难，如地形复杂、生态环境脆弱、人口密度低等。在这种背景下，如何采用科学的方法实现山地景观的合理规划设计，是风景园林学、地理学、城乡规划学、生态学等多学科共同关注的问题。在数字化背景下，借助 GIS、遥感、3D 建模等信息化技术手段，获取数据并处理大量的山地环境信息（如地形、气候、植被分布等）的数字化处理过程，不仅有助于我们深入理解山地环境，也能够为山地景观规划设计提供更多的参考依据。同时，通过建立数字化的山地环境模型，模拟和预测山地环境的变化情况，为山地景观规划设计提供更强的科学支持，山地景观规划设计研究有望得到全新的解决方案。随着信息技术的发展，我们已经有能力收集和处理大量的山地地理信息。这些信息可以帮助我们更深入地理解山地环境，更精确地模拟山地景观变化，从而更科学地进行山地景观规划设计。例如，通过三维地形模拟，预测山地地形对规划设计的影响，通过生态模型评估规划设计对山地生态的影响。相关研究构建了山地景观规划设计的数字化理论框架，同时也拓展了实践的创新路径，提供了更加智慧与高效的山地景观规划解决方案。

　　基于数字技术的山地景观规划研究可以提高山地景观规划的效率和准确性，从而提升经济效益。首先，传统的山地景观规划设计需要大量的人力和物力，而数字技术可以提供数据支持和模拟工具，使得规划设计更加精确和高效。例如，三维地形数据可以帮助规划者准确地了解山体的形态特征和空间关系，而数字模拟工具可以预测不同规划方案的效果，这些方式可以节省规划设计时间和成本。其次，山地环境有其独特的景观特征和生态价值，而数字技术可以帮助规

山地城镇[1]

山地乡村[2]

山地城市[3]

山地道路[4]

1 图片来源：http://k.sina.com.cn/article_1708763410_65d9a91202000kskc.html

2 图片来源：https://www.sohu.com/a/677239843_121124434

3 图片来源：https://www.quanjing.com/imgbuy/qj8267840825.html

4 图片来源：http://news.sohu.com/a/532423108_121123890

划者更好地了解保护和利用这些资源。从生态角度来看，基于数字技术的山地景观规划研究对于环境保护和可持续发展具有重要意义，山地环境是地球上的重要生态系统，而数字技术可以提供数据支持和决策工具，帮助规划者更好地保护山地环境，实现山地生态环境可持续发展。

可见，基于数字技术的山地景观规划研究对于经济、社会和生态有着深远的影响，是山地景观规划设计的重要发展方向。这种研究方法能够在更广的山地景观规划设计中发挥更大的作用，并为山地地区的可持续发展提供强有力的支持。

1.1 研究背景

　　长期以来，山地景观规划设计没有专门基于山地环境而开发的数字化设计平台，在涉及山地景观规划设计相关科学研究与工程应用问题时，山地景观规划设计在科学性与精准性上出现了一些设计技术上的障碍，相关科学研究和工程实践为此付出了额外的成本。通常情况下，GIS（地理信息系统）平台是实现山地数字设计的常用方法，但遗憾的是，GIS 只能从事山地景观规划分析却不能完成基于自己分析判断的山地景观规划设计编辑，GIS 前期分析结果在后期的规划设计中只起到设计分析参考的作用。设计者仅仅通过识读 GIS 分析图或分析结果的方式，辅助完成

山地景观数字影像

山地景观规划设计，在规划设计中并没有将前期的分析结果与后期的规划设计实现信息传递与关联。这导致 GIS 前期的分析参数无法控制后期的规划设计编辑，GIS 在山地景观参数化设计中只完成了规划设计前半程分析工作，实现全程参数化设计仍然是技术上的障碍。同时，另一参数化设计平台 BIM（建筑信息模型），其设计任务更多关注和解决的是建筑设计的相关问题。由于缺乏专门的技术平台支撑，山地景观数字化设计受到技术上的诸多制约，如：山地三维设计信息与二维设计不匹配；山地曲线、曲面地形景观要素设计精度不高等。近些年，BIM 技术凭借其卓越的参数化设计性能与工程建设全周期信息集成管理特性，应用领域已经由最初的建设设计逐步扩展到市政、电力、水利等工程设计行业。随着景观行业对工程设计精细化与精准化要求的不断提高，基于 BIM 平台的参数化设计在山地景观规划设计行业得到了一定的应用。实验研究发现，针对山地景观中的建筑、植物、道路等要素，BIM 技术能

山地景观规划设计研究方向与研究内容

方向	山地景观规划设计研究
理解和描述山地特征	通过数字化地形模型、数字化地貌图等技术，可以对山地的地形地貌进行三维可视化，更直观、全面地理解山地的地理环境，为科学合理的山地景观规划设计提供重要的基础
提高规划设计效率和准确性	在数字化技术的辅助下，可以将山地景观规划设计的过程数字化，提高规划设计的效率和准确性，通过数字化模拟技术，对规划设计方案进行模拟验算，以确保其科学性和可行性
科学管理和保护山地景观	通过数字化监测和分析技术，可以对山地景观进行实时监测和动态评估，实现山地景观的科学管理；通过对山地景观的数字化分析，可以更好地理解山地生态环境的变化情况，为山地生态保护提供科学依据
服务山地社区的发展	基于山地景观信息模型，可以为山地社区的规划、建设、管理、运维提供全面的信息支撑，推动山地社区的健康发展

　　　　　　　　　　　　　　　1　山地景观规划设计逻辑与方法

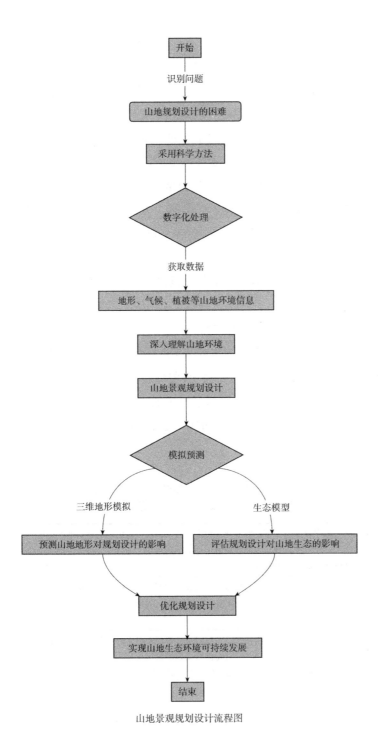

山地景观规划设计流程图

基于数字技术的山地景观规划设计研究

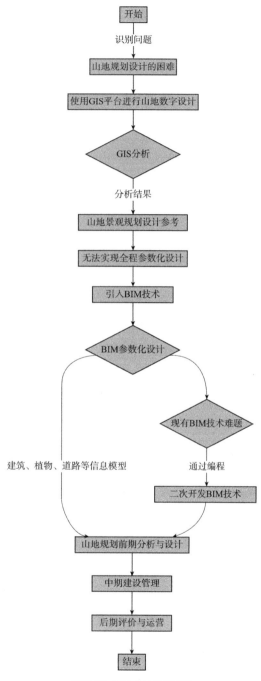

開始

識別問題

山地規劃設計的困難

使用GIS平台進行山地數字設計

GIS分析

分析結果

山地景觀規劃設計參考

無法實現全程參數化設計

引入BIM技術

BIM參數化設計

現有BIM技術難題

建築、植物、道路等信息模型

通過編程

二次開發BIM技術

山地規劃前期分析與設計

中期建設管理

後期評價與運營

結束

基於 GIS+BIM 山地數字設計

1　山地景觀規劃設計邏輯與方法

够实现相应的信息模型，并为山地景观规划前期分析与设计、中期建设管理、后期评价与运营提供信息集成。研究证明，BIM平台能够创建和完成多层次、多内容的山地设计。与此同时，对于现有BIM技术不能完成的山地设计任务，应用BIM平台API端口，通过编程可实现对BIM技术的二次开发，让BIM成为实现山地景观参数化设计的技术平台，实现真正意义上的山地参数化设计。

重庆作为典型的山地城市，山地景观规划设计研究与应用受到重庆市政府的高度重视。重庆市政府相继出台多个政策文件，从科学研究、城镇规划、技术应用等多个方面全力推进"山地"相关实践研究与技术创新。《重庆市国民经济和社会发展第十四个五年规划和二〇三五年远景目标纲要》中提出，打造高水平科技创新基地，建设"山地城镇建设智能化"重点实验；《重庆市国土空间总体规划（2021—2035年）》，明确指出规划构建重庆四屏（大巴山、巫山、武陵山、大娄山）、多廊（缙云山、中梁山、铜锣山、明月山、云雾山等23条平行山岭）的山地生态空间；《重庆市新型城镇化规划（2021—2035年）》明确指出，立足山地特点、打造世界级滨江公共空间和城市山地生态公园，促进"山城"特色城镇化发展。此外，《重庆市现代建筑产业发展"十四五"规划（2021—2025年）》中，明确指出"我市BIM智能建造技术应用水平不高"，并强调"重点发展基于BIM技术二次开发的专业设计"。重庆市政府在近年的政策文件中明确提出了多项措施，旨在加强山地城市的发展和建设。其中，着眼于科技创新基地建设，特别是建设"山地城镇建设智能化"重点实验室等举措，为重庆的山地城乡规划注入了新的活力和动力。同时，在国土空间总体规划中，规划了重庆四屏和多廊等山地生态空间，体现了对山地生态环境的重视和保护，为实现生态与城市融合发展提供了指导和保障。在新型城镇化规划中，重庆市政府明确提出要立足山地特点，打造世界级滨江公共空间和城市山地生态公园，以促进"山城"特色城镇化发展。这一举措不仅有助于提升城市形象和吸引力，也为居民提供了更优质的生活环境和休闲空间。此外，在现代建筑产业发展规划中，BIM 智能建造技术的应用被提及，强调了技术水平的提升和专业设计的重要性。通过发展基于 BIM 技术的专业设计，可以提高建筑产业的效率和质量，推动山地城乡规划设计向更智能化、数字化的方向发展。以上纲要与规划，为山地景观设计技术发展提供了有力的政策支持。未来，依托 BIM、GIS 技术的山地景观信息模型将整合多元参数交互设计，并依靠设计师自主编程，如 Python、Dynamo 语言在山地设计中的应用，突破技术平台束缚实现设计平台技术的二次开发与应用，完成高效且智能化的参数化设计，使强调关联与过程描述的数

1 图片来源: https://www.mcg.cn/thread-16745267-1-1.html

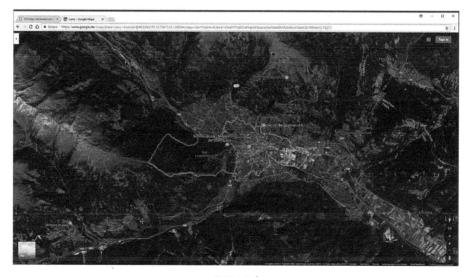

数字山地[1]

　　　　　　　　1　山地景观规划设计逻辑与方法

字设计贯穿山地"设计—施工—运营管理"全周期，提高设计企业工作效率，减少企业设计成本，促进行业设计技术信息化、数字化变革。

1.2　研究目的

构建基于 GIS+BIM 山地景观信息模型辅助完成山地景观规划设计，持续地为山地景观规划、设计、建设、管理、运维提供全面的信息支撑与决策参考。

（1）山地信息集成与可视化

将 GIS 中的地理空间分析数据与 BIM 建筑模型数据结合，构建山地景观信息模型，完成山地景观二维与三维信息集成，解决山地景观设计协同工作难度大、二维设计图纸信

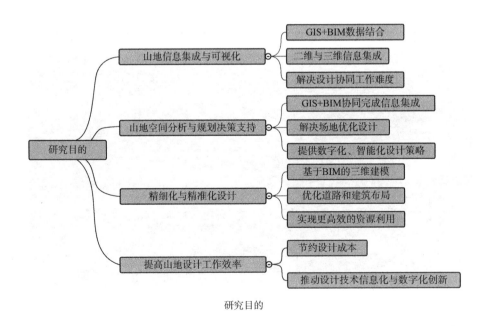

研究目的

息与三维空间信息互相不匹配或信息传递缺乏精准的问题。整合 GIS 地理空间分析数据与 BIM 建筑模型数据构建山地景观信息模型，实现山地景观二维与三维信息的完美融合。这一创新方法克服了山地景观设计中存在的诸多困难，例如协同工作的复杂性、二维设计图纸与三维空间信息之间的不匹配以及信息传递的精准性不足等问题。这种信息集成与可视化的方法为山地景观设计带来了全新的可能性。通过在地理信息系统中融合建筑信息模型，不仅可以更好地理解山地景观的地形特征和空间结构，还能够更直观地展现设计方案的效果。这种全方位的信息呈现方式不仅提高了设计效率，还能够帮助设计团队更好地协作，共同实现理想的山地景观设计。在实际应用中，山地信息集成与可视化技术可以为城乡规划、旅游规划、自然保护区管理等领域提供强大支持。通过将地理空间分析数据与建筑模型数据相结合，更准确地评估山地景观的可持续性，优化设计方案，提升景观质量，实现人与自然的和谐共生。

（2）山地空间分析与规划决策支持

在山地空间分析与规划决策支持方面，GIS 与 BIM 的协同应用为山地景观设计提供了更多数字化、智能化的设计策略。通过将山地景观地理信息与建筑信息进行集成与设计评估，有效解决山地景观道路、场地的优化设计问题。这种集成方法为规划者提供了更全面、准确的信息，帮助他们更好地理解和分析山地景观的特征，从而制定更科学、可行的设计方案。在实际应用中，GIS 技术可以帮助收集并分析山地地形、土地利用、环境条件等数据，为规划决策提供有力支持。同时，BIM 技术则能够在建筑设计阶段提供更加精细的信息，包括建筑结构、材料、施工工艺等方面，有助于更好地了解建筑在山地环境中的定位和影响。将两者结合起来，不仅可以实现山地景观与建筑信息的无缝整合，还可以在设计评估过程中更全面地考虑山地景观的特殊性，提高设计方案的质量和效率。此外，GIS+BIM 的协同应用为山地景观规划设计带来更多可能性，例如在山地生态保护、景观保育、生活设施布局等方面提供更有针对性的设计方案。通过数字化、智能化的设计策略，规划者更好地平衡山地景观的自然特征和人类活动需求，实现可持续的山地景观规划与设计目标。

（3）精细化与精准化设计

基于 BIM 的三维建模可以进行山地景观精细与精准化设计，优化道路和建筑布局，实现更高效的资源利用以及减少对环境的破坏。通过 BIM 的三维建模技术，更好地考虑山地景观的地形、植被、水系等因素，实现景观设计的精细化和精准化。在实际项目中，通过 BIM 技术建立的三维模型可以为设计团队提供更直观、全面的信息，帮助他们更好地规划道路、建筑位置，并优化布局，从而实现资源的更有效利用和减少对环境的负面影响。在山地景观设计中，考虑到地势起伏、土壤类型以及植被分布等因素，传统的设计方法可能无法充分考虑到这些细节，导致设计局限性，而借助 BIM 技术，可以更加全面地分析和模拟山地景观的特征，使得设计方案更加符合实际情况。通过模拟不同设计方案对景观的影响，设计者可以更好地选择最优方案，实现高效资源利用和减少环境破坏的目标。此外，BIM 技术还可以提供实时的数据更新和模拟功能，使设计团队能够更灵活地调整方案，及时响应项目需求变化，确保设计方案的可持续性和实施性。综合考虑地形、植被、水系等因素，结合 BIM 技术的优势，为山地景观设计带来更多可能性和创新。

（4）技术信息化与数字化创新

构建基于 GIS+BIM 的山地景观信息模型辅助完成山地景观规划设计，提高山地设计工作效率，节约设计成本，推动山地设计技术信息化与数字化创新。

传统的规划设计方法往往面临着信息获取不足、效率低下和成本高昂等问题。为了解决这些问题，借助 GIS 和 BIM 技术构建山地景观信息模型已成为一种新的解决方案。通过整合 GIS 和 BIM 技术，可以实现对山地地区的地形、植被、水系等各种地理信息数据的采集、整合和分析。基于这些信息，更准确地把握山地地区的特征和变化规律，为规划设计提供更为科学的依据。通过数字化的方式，快速获取所需信息，快速生成方案，并进行多方案比较和优化。这不仅节约了设计过程中的时间和成本，也提升了设计效果和可持续性，进一步推动山地设计技术信息化与数字化创新。加强了不同领域之间的协同合作与信息共享，政府部门、设计院所、科研机构和企业建立起山地景观规划设计的信息资源共享机制，促进技术创新和成果转化，通过跨界合作和共享，更好地推动山地设计的发展，实现更加智慧、可持续的山地景观规划设计。

2

国内外研究进展

2.1 数字技术在景观规划中的应用概述

数字技术在景观规划中的研究可追溯到 20 世纪 50~60 年代。这一时期，数字景观规划研究主要依托 GIS 和计算机技术的发展。其中 GIS 技术被用于空间分析、地形分析、土地利用规划、地图制作、地理数据管理等方面，随着应用范围扩大，其在景观规划领域得到了一定的发展。其间出现了诸如罗杰·汤姆林森（Roger Tomlinson）[1]、霍华德·费舍尔（Howard T. Fisher）[2]、伊恩·麦克哈格（Ian McHarg）[3] 等多位推动数字景观发展的先驱。20 世纪 60 年代计算机图形学和虚拟现实技术在设计领域得到应用，如 1963 年伊万·萨瑟兰（Ivan Sutherland）[4]，开发了世界上第一个交互式计算机图形系统——Sketchpad。该系统可以通过显示器进行图形绘制和编辑，这项技术奠定了计算机

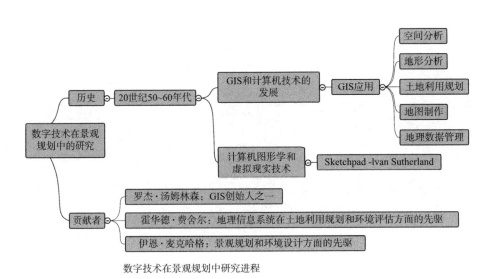

数字技术在景观规划中研究进程

1 图片来源: https://www. douban.com/group/ topic/114233305/?ivk_ sa=1024320u&_i=5618774 MhYJWWc,1202471UoEOygG

交互式计算机图形系统 Sketchpad[1]

图形学的基础，对数字技术在景观设计中的发展产生了重要影响。总的来说，20 世纪 50~60 年代，关于数字技术在景观规划中的研究涉及地形分析、图像处理等方面的创新和应用。这些早期的研究和技术发展为后续数字技术在景观规划中的发展奠定了基础，并提供了更多的工具和方法来支持决策和设计过程。

20 世纪 70~80 年代，随着计算机技术的快速发展，数字技术在景观中的应用研究开始使用模拟和可视化工具来呈现景观的变化和效果。计算机模型和图形化界面的引入使得研究人员能够更直观地理解和评估不同规划和设计方案对景观的影响。艾德·卡姆尔（Ed Catmull）开展了关于计算机图形学曲线和表面建模的研究[5]，迈伦·克鲁格（Myron Krueger）开展了人机交互和计算机图形学方面的研究，开发了 Videoplace 系统[6]，通过计算机和摄像机的结合，实现了用户与虚拟环境进行实时互动的体验。本·施耐德曼（Ben Shneiderman）提出了信息可视化的概念，并开展

2 国内外研究进展

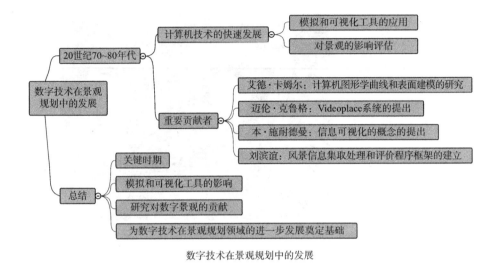

数字技术在景观规划中的发展

了相关研究，为数字景观的交互设计和可视化奠定了基础。1988 年，刘滨谊建立了以电子计算机和航测为主要手段的风景信息集取处理和风景环境信息空间形态评价程序框架，并提出在景观规划中采取主观感受判断和风景客观描述相结合的"主—客"观评价方法[7]，这是中国早期有关数字景观规划研究的代表。这一时期，计算制图与建模技术发展促进了模拟和可视化技术在数字景观规划研究中的发展和创新。

由此看出，20 世纪 70~80 年代，数字技术在景观规划中的研究主要涉及以下内容：

（1）模拟和可视化工具

随着计算机模型和图形化界面的引入，研究人员开始使用模拟和可视化工具来呈现景观的变化和效果。通过计算机模型，以数字方式构建和模拟不同规划和设计方案，评估其对景观的影响，提供更直观和可视化的工具，帮助更好地理解和评估设计方案。

（2）计算机图形学和人机交互

开展了与计算机图形学和人机交互相关的研究，为数字景观的发展提供了支持。艾德·卡姆尔是其中一位重要的学者，为计算机图形学的发展奠定了基础。迈伦·克鲁格开展了人机交互和计算机图形学方面的研究，通过开发Videoplace系统，实现了用户与虚拟环境的实时互动体验。

（3）信息可视化

本·施耐德曼提出了信息可视化的概念，并开展了相关研究。信息可视化是指利用视觉化技术将复杂数据转化为图形或图像，以便更好地理解和分析数据。在数字景观规划研究中，信息可视化技术可以用于展示和交互式探索景观数据，帮助更好地理解和分析景观特征。

（4）景观信息集取和评价

刘滨谊在1988年建立了以电子计算机和航测为主要手段的风景信息集取处理和风景环境信息空间形态评价程序框架，并提出了在景观规划中采取主观感受判断和风景客观描述相结合的"主—客"观评价方法。这一方法为景观规划提供了一种综合评价的方法，融合了主观感受和客观描述，为规划师提供了更全面的评价工具。

由此可见，20世纪70年代和80年代是数字技术在景观规划中的关键时期。在这一时期，模拟和可视化工具的引入使得直观地理解和评估不同规划和设计方案对景观的影响成为可能。计算机图形学、人机交互和信息可视化的研究为数字景观的发展提供了重要支持。此外，景观信息集取和评价方法的创新也为规划师提供了更全面的评价工具。这些研究和创新为数字技术在景观规划领域的进一步发展打下了坚实的基础。

20世纪90年代~21世纪初，数字景观规划研究逐渐

2 国内外研究进展

融入环境科学和生态学等领域，与生态学紧密结合，探索景观结构和生态过程之间的关系。相关研究[8-12]基于生态数据采集、数据处理、数据可视化、初步模拟等过程，研究景观破碎化、生态连通性、生物多样性等生态问题，并利用数字技术来量化和分析这些生态指标。景观生态学奠基人理查德·福尔曼（Richard Forman）提出景观格局与生态过程研究需要建立在空间分析和环境模拟的基础上，这促进了遥感技术、计算机模拟技术、模型可视化技术在景观生态学中的应用，推动了数字技术在生态学中应用的深度与广度。此外，这一时期还诞生的 LANDIS、CLUE 等模拟和预测生态

数字生态模型

数字生态模型	数字应用	诞生时间
CLUE（Conversion of Land Use and Its Effects） 土地利用转换及其影响模型	用于模拟土地利用、覆盖的转换过程及其影响	1996 年
LANDIS（Landscape Disturbance and Succession Model） 景观干扰与演替模型	模拟和预测生态系统中的景观演替和干扰过程	1997 年
Dinamica EGO（Dynamic Integrated Model of Economic and Ecological Systems with Feedbacks） 经济生态系统动态集成模型	景观动态模型，用于模拟生态系统的景观演替和植被变化	2001 年
CARAIB（CARbon Assimilation in the Biosphere） 生物圈碳同化模型	用于模拟地表植被和土壤碳循环的过程	2002 年
LPJ GUESS（Lund-Potsdam-Jena General Ecosystem Simulator） 通用生态系统模型	用于模拟全球尺度的生态系统动态、碳循环和植被分布	2008 年
InVEST（Integrated Valuation of Ecosystem Services and Trade-offs） 生态系统服务和权衡的综合评估模型	用于生态系统服务评估和决策支持的工具	2008 年

系统中景观演替和干扰作用过程的景观规划研究模型，促进了数字技术在景观研究中的创新发展。数字生态研究为数字技术在生态学中的广泛应用打下了基础，成为数字技术在景观规划应用中的重要分支。

2000 年，随着可持续发展理念的兴起，数字技术在景观规划中的应用研究开始关注如何通过数字技术来支持可持续的规划和设计，包括使用空间分析工具评估和优化景观、建筑、城市布局，开展可持续设计。同时，人工智能和机器学习等新兴技术的应用也为数字景观规划研究带来了新的机遇。2000 年以来，数字技术在景观规划的研究方向涉及多个领域，其中具有代表性的研究方向包括卡尔·斯坦尼兹（Carl Steinitz）[13-14] 提出了景观规划中的"分析—评估—设计—实施"框架，强调了数字技术在景观规划中的作用，相关设计模拟与可视化技术对于数字技术在景观规划研究中的方法和理论作出了贡献。迈克·巴蒂（Michael Batty）[15-16] 基于数字计算和数据驱动方法解决城市结构和城市发展问题，提供城市规划、城市设计

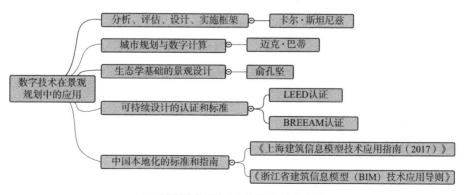

2000 年以来数字技术在景观规划中的应用

和城市可持续发展的数字研究方法和解决方案。俞孔坚[17]提倡以生态学为基础的景观设计，将自然元素与数字技术（GIS）相结合，创造具有生态功能和环境可持续性的数字技术途径的景观设计。此外，相关设计、评估行业认证及行业标准的推行也推动了数字景观在这一时期的发展，如 LEED（Leadership in Energy and Environmental Design）认证[1]、BREEAM（Building Research Establishment Environmental Assessment Method）认证[2]。在中国，地方政府也相继颁布了多个数字化建设标准和指南，如《上海建筑信息模型技术应用指南（2017）》《浙江省建筑信息模型（BIM）技术应用导则》等。

通过以上数字技术在景观规划研究中的应用可以发现，数字景观规划研究贯穿始终，从早期的数据处理、建模模拟，逐渐发展到面向实践和决策的应用。随着数字技术的进步和城乡规划、建筑学、生态学、地理学等领域的不断发展，数字技术研究将在景观规划设计、可持续规划、环境保护和城市设计等领域发挥重要作用。

2.2　软件在景观规划设计中的应用概述

数字化软件在山地景观规划设计研究中扮演着关键作用，它不仅提升了山地景观规划设计的效率和准确性，也促进了山地景观规划设计的科学性和创新性。数字化软件如 ArcGIS、AutoCAD、SketchUp、Revit 等，极大地提高了山地景观规划设计的效率。在传统的山地景观规划设计中，设计师需要手工绘制设计图，这是非常耗时且容易

1 LEED 认证是一个已广泛应用的可持续建筑评估系统，它对数字景观的设计和规划提出了一系列的可持续要求和标准，促进了数字景观可持续设计的实践和发展。
2 BREEAM 认证是一个已广泛使用的可持续建筑评估方法，它考虑了数字景观的可持续性，并通过评估设计、管理和维护来提高建筑的可持续性。

出错的。而数字化软件可以方便地绘制和编辑设计图，大大提高了工作效率。同时，数字化软件还可以将所有设计信息集成在一起，实现信息的共享和协同，进一步提高了山地景观规划设计的效率。另外，数字化软件如 Rhino、3ds Max、Lumion 等，可以帮助进行山地景观规划设计的三维可视化和高质量渲染，不仅可以直观地展现设计效果，也可以更真实地模拟山地景观规划设计的实际效果，从而提高山地景观规划设计的准确性。同时，数字化软件如 QGIS、ENVI、Fragstats 等，可以帮助进行地理数据的收集、管理、分析和展示以及景观格局的量化分析，为山地景观规划设计提供了科学的依据，使山地景观规划设计更为科学和精确。例如，可以通过 ENVI 对山地地貌、植被、土壤等进行分析，获取这些信息对于山地景观规划设计具有重要的参考价值。通过 Fragstats 计算山地的景观破碎度、景观连通性等指标，可以评估山地的生态环境状况，制定山地保护和恢复策略。除此之外，参数化数字化软件如 Grasshopper、Civil 3D 等，可以实现山地景观规划设计的自动化和智能化，提高工作效率和准确性。总的来说，数字化软件在山地景观规划设计研究中扮演了关键的作用。它提升了山地景观规划设计的效率和准确性，以及山地景观规划设计的科学性和创新性。

就软件而言，在处理山地景观规划设计问题时，以上软件通常分为设计软件和编辑软件两种类别。设计软件主要用于创建和可视化设计方案，而编辑软件则主要用于处理和分析地理数据，为设计提供科学依据。二者相辅相成，共同实现山地景观规划设计的高效、精确和科学。设计软件通过建模、渲染和动画等功能，使得设计者可以将创新的设计理念形象、直观地呈现出来。这不仅有助于设计者自我审视和修

2 国内外研究进展

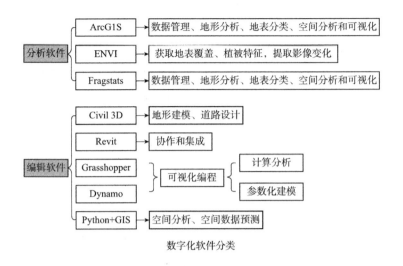

数字化软件分类

改设计方案，同时也能方便地向客户或公众展示设计方案，便于沟通和理解。而且，设计软件如 Revit、Grasshopper等还具有参数化设计和信息模型的功能，可以实现设计的自动化和智能化，大大提高了设计的效率和准确性。编辑软件通过收集、管理、分析和展示地理数据，为设计提供了丰富和准确的信息支持。这使得设计者能够更好地理解山地的地理环境，更科学地进行设计决策。例如，通过 ArcGIS 或QGIS 收集和分析地形、植被、土壤等地理信息，可以指导山地的土地利用和景观设计；通过 ENVI 处理和解译遥感图像，可以获取山地的实时环境信息；通过 Fragstats 分析山地的景观格局，可以评估山地的生态环境状况，制定保护和恢复策略。设计软件和编辑软件在山地景观规划设计中都发挥了重要的作用；设计软件通过建模和可视化，直观呈现设计方案，提高了设计的效率和准确性；编辑软件通过处理和分析地理数据，为设计提供了科学依据，提高了设计的科学性和精确性。

2.2.1 分析软件应用研究

2.2.1.1 ArcGIS 软件

ArcGIS 软件是由 ESRI（Environmental Systems Research Institute，美国环境系统研究所）开发的，广泛应用于多个行业和领域研究，包括地理空间科学、城市规划[18-20]、环境保护[21]、农业[22-23]、公共服务[24]等，基于 ArcGIS 在数字景观应用研究，实现遥感数据分析[25]、空间分析与评估[26]、地图制作与可视化[27]、空间规划与决策支持[28]、集成地理数据管理[29]等操作。ArcGIS 应用研究说明,ArcGIS 在景观规划中提供了数据管理、地形分析、地表分类、空间分析和可视化等功能，完成了规划数据获取、分析和展示，支持规划决策和方案评估。近年来，GIS整合地理学、生态学、水文学、建筑学等学科，开展山地

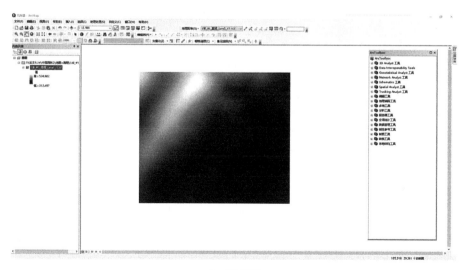

ArcGIS 界面

景观规划研究并取得了丰硕的成果。GIS 提供了丰富的空间分析工具和模型，使得在山地景观规划中可以更加精确地进行地形分析、视觉分析、生态系统模拟等，从而为保护山地生态环境和合理利用山地资源提供了重要支持。然而，在实际应用中仍然存在一些问题。首先，由于山地环境地形复杂、交通不便等因素，导致 GIS 数据采集成本较高。其次，山地景观规划涉及多学科的知识，需要专业团队的协作，而目前跨学科合作仍然存在一定的障碍。再次，在规划实施阶段，如何有效监测和评估规划效果也是一个亟待解决的问题。为了更好地应对这些挑战，应在 GIS 技术应用中加强数据共享和互操作性，建立统一的数据标准和共享平台，促进不同单位间数据交换与合作，从而制定更合理的山地景观规划方案。

我国基于GIS的山地景观规划研究进展

研究题目	研究方法	作者
基于 GIS+BIM 信息协同的景观参数化设计研究——以山地风景环境道路规划设计实验为例	以山地风景环境道路为对象，提出集成 GIS 和 BIM 的山地道路选线分析与交互设计方法，实现 GIS 数据关联 BIM 模型，构建以地理空间环境信息为基础的 BIM 景观信息模型，从而提升规划设计精细化程度与精准化水平，以期为景观规划、设计、建设、管理、运维提供信息支撑与决策参考	崔星、杜春兰，2023 年
GIS 支持下山地型自然公园景观资源视觉评价研究——以连云山为例	以连云山公园为对象，选用高程、坡度、相对坡度等 8 个影响因子分析，评价了连云山公园 20 个现存景点的景观视觉资源，通过层次分析法将 GIS 评价与 SBE（景观生态学）评价的量化结果进行加权计算	蔡晓晶，2023 年
基于 GIS 空间分析的山地城市弃土场选址研究	基于数字高程模型和遥感影像，采用 GIS 空间分析和叠置分析，筛选城市弃土场区域，为山地城市弃土场优化选址提供技术参考	马锦、张浩生，2021 年

研究题目	研究方法	作者
遥感与 GIS 支持下的成都市山地平原过渡地区生态安全及时空分异研究	基于 GIS 技术获取植被覆盖度、土壤侵蚀敏感性、地表温度反演、生态系统服务价值等共 20 个指标值，进行指标栅格化表达，并按权重进行空间叠加，获得生态安全数据，从像元和行政区两种尺度对研究区的生态安全状况进行分析	尚雪，2018 年
基于 GIS 的城市山地公园景观视觉评价研究	基于 GIS 地理信息系统，确立相关评价指标权重，分别从人的主观层面、景观生态层面、景观自身层面三方面用数据量化的方式进行权重叠加分析，构建城市山地公园景观视觉的评价框架	张强，2017 年
基于 GIS 分析的山地旅游景观设计研究——以蓟县玉龙滑雪场二期开发为例	基于坡度、坡向、高程、植被分布、生态敏感度等分析，完成游览路径的选择、最佳场地位置选择；通过视线分析和视域分析得到场地最佳观景点、视觉通廊和视觉焦点的位置等	李发明、王婷婷，2016 年
基于 GIS 的山地流域景观格局变化及脆弱性评价——以乌江北源为例	基于 ArcGIS 研究不同景观类型分布与地形因子的关系；从景观敏感性和景观适应性相结合的角度，构建景观脆弱性评价模型，评价山地景观脆弱性，对乌江北源山地生态建设提出对策建议	翟荣飞，2016 年
基于 GIS 的山地城市建筑高度控制方法及其应用	以地表模型为基础数据，基于 GIS 平台，将瞭望点视野中的山脊线下降 20% 后的高度作为视线高度控制线，计算研究区域内建筑高度控制值	宋利利、陶澈，等，2016 年
基于 GIS 的山地景观生态综合评价研究——以越南老街省沙巴县为例	运用 GIS 技术进行景观生态综合评价研究，初步提出山地景观生态评价研究的理论框架、概念及内涵	桥国立，2015 年
山地视觉景观的 GIS 评价——以广东南昆山国家森林公园为例	以广东南昆山为例，将视野面积、水域空阔度、景观层作为山地景观规划研究的三大因子，以南昆山 DEM 作为基础数据，对坡度、坡向、水文、交通条件叠加分析后过滤进行视觉景观定量分析	裘亦书、高峻，等，2011 年

通过以上的文献研究发现，在山地景观规划应用中，ArcGIS 发挥着关键的作用，可以实现数据集成、空间分析、评价与评估、视觉分析、景观脆弱性评价和建筑高度控制等功能，为山地景观规划的决策和设计提供支持和参考，具体体现在以下方面。

（1）GIS 数据关联与集成

ArcGIS 可以将 GIS 数据与 BIM 进行关联和集成，实现山地道路选线分析与交互设计。通过将 GIS 数据与 BIM 模型相结合，可以在设计过程中考虑地理空间环境信息，提升规划设计的精细化程度与精准化水平。

（2）空间分析与叠置分析

利用数字高程模型和遥感影像等数据，ArcGIS 可以进行空间分析和叠置分析，用于筛选城市弃土场等区域和优化选址。通过这些分析方法，可以为山地城市选址规划提供技术参考，优化选址过程。

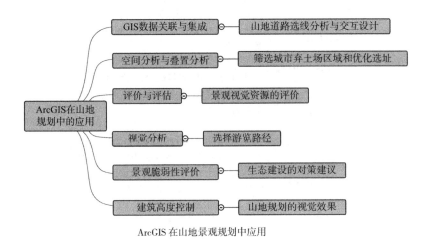

ArcGIS 在山地景观规划中应用

（3）评价与评估

ArcGIS 可以通过层次分析法、加权计算等方法，对山地景观进行评价和评估。例如，在连云山公园的案例中，可以利用 GIS 进行景观视觉资源的评价，并将 GIS 评价结果与 SBE 评价结果进行量化和加权计算，为景点的评价提供决策参考。

（4）视觉分析

基于 GIS 的视线分析和视域分析可以用于选择游览路径、最佳场地位置，确定最佳观景点、视觉通廊和视觉焦点的位置等。这些分析可以帮助在山地景观规划中考虑观景体验，提升景观可视性。

（5）景观脆弱性评价

利用 ArcGIS，可以研究不同景观类型分布与地形因子的关系，并基于景观敏感度和景观适应性构建景观脆弱性评价模型。可以用于评价山地景观的脆弱性，并提出生态建设的对策建议。

（6）建筑高度控制

在山地景观规划设计中，利用地表模型和 ArcGIS 平台，可以计算研究区域内建筑的高度控制值。通过将瞭望点的视野和山脊线下降20% 后的高度作为视线高度控制线，可以控制建筑的高度，确保山地景观规划的视觉效果。

2.2.1.2 ENVI 软件

ENVI 软件由 Research Systems Inc.（RSI）开发的一款遥感图像处理和分析软件。它提供了丰富的图像处理和解译功能。ENVI 软件通过其强大的遥感图像处理和分析功能，为地球科学领域的研究人员提供了一种高效、准确的工具。研究人员可以利用 ENVI 软件进行卫星图像的

ENVI 界面 [1]

1 图片来源: https://www.
iteye.com/blog/mywebcode-
2058624

处理、特征提取、变化检测等操作，更好地理解和分析地球表面的变化和特征。此外，ENVI 软件还支持多种数据格式，包括卫星遥感数据、地理信息系统数据等，使得用户可以方便地整合不同数据源进行综合分析。ENVI 软件作为一款功能强大的遥感分析工具，提供了高效的图像处理算法。通过 ENVI 软件，研究人员可以更快速地获取、处理和分析遥感图像数据，为地理科学领域的研究工作提供了有力支持。相关应用研究表明基于 ENVI 软件可以完成遥感数据处理、图像分类、城市气候模拟[30-31]、地表覆盖分类[32]、与 GIS 数据集成[33-35]等应用。ENVI 作为一款专业的遥感图像处理和分析软件，在山地景观规划研究中提供了遥感数据处理、地表分类、变化检测、地表特征提取、空间分析等功能，实现从遥感数据中获取地表覆盖、植被、地表特征提取、影像变化等方面的景观信息，支持规划设计决策和可视化展示。

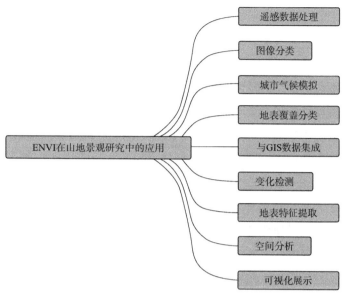

遥感数据处理

图像分类

城市气候模拟

地表覆盖分类

ENVI在山地景观研究中的应用 —— 与GIS数据集成

变化检测

地表特征提取

空间分析

可视化展示

ENVI 在山地景观规划中的应用

2.2.1.3 Fragstats 软件

Fragstats 软件是由美国俄勒冈州立大学森林科学系开发的一款景观指标计算软件,用于研究和评估地表覆盖的空间结构和格局[36-39],是景观生态学领域中一款重要的分析工具,广泛应用于地表覆盖的空间结构和格局的研究评估。通过 Fragstats 软件,研究人员可以对不同地区的景观特征进行定量化描述和比较,从而揭示出地表覆盖的空间格局与生态系统功能之间的关联。这一工具的开发为景观生态学研究提供了强大支持,促进了对生态系统复杂性的理解。在实际应用中,Fragstats 软件可以帮助研究人员对景观格局进行定量化分析,识别出景观中的斑块、边界和连接性等特征,从而评估景观的连续性、稳定性和多样性。通过这些分析,研究人员可以更好地理解地表覆盖的变化对生态系统功能和生物多样性的影响，为生态环境保护和管理提供科学依据。此外，Fragstats 软件的使用也激发了研究者对于景观格局演变机制的探讨。通过对不同地区、不同景观类型的数据分析，研究人员可以发现景观格局在不同尺度下的变化规律，揭示出人类活动、气候变化等因素对地表覆盖结构的影响。Fragstats 可以计算出 59 个景观指标，可分为三组级别，分别为拼块级别（patch-level）指标、拼块类型级别（class-level）指标、景观级别（landscape-level）指标，这些指标反映了不同的研究尺度。通过 Fragstats 可以计算斑块面积、边界长度、碎裂度等景观指标，帮助研究人员了解和评估景观的空间格局和连通性，量化景观的空间特征和变化。Fragstats 在景观规划研究中被广泛用于研究景观格局对生物多样性、物种迁移、生态过程和景观功能的影响，并为生态保护、山地景观规划提供科学支持和决策依据。

1 图片来源：https://blog.csdn.net/weixin_41677138/article/details/105493877

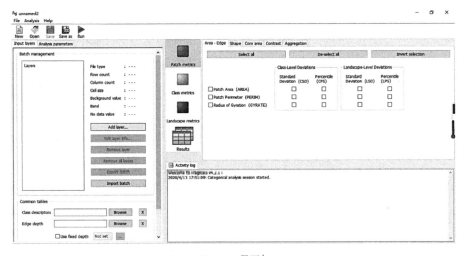

Fragstats 界面[1]

2.2.1.4 CityEngine 软件

CityEngine 是 Esri 的产品之一，是一款专业的三维城市建模软件，用于创建逼真的虚拟城市环境。CityEngine 提供了强大的建模工具，使用户能够快速生成具有真实感的城市模型。它支持自动化建模[40-41]、建筑物生成[42]、道路网络布局[43]等功能。基于 CityEngine，用户可以通过简单设置参数，快速生成逼真的植被覆盖，使城市模型更加生动。此外，CityEngine 还支持实时的光照和阴影效果，让用户可以在软件内部模拟不同时间段的光照条件，进一步增强城市模型的真实感。在创建虚拟城市环境时，CityEngine 的多样化功能为用户提供了更多可能性。例如，用户可以根据实际地理数据进行城市规划，快速生成符合实际地形的城市模型。同时，CityEngine 还支持与其他 GIS 软件的无缝集成，使用户可以更方便地将城市模型与地理信息数据结合起来，进行更深入的分析和展示。

1 图片来源: https://blog.csdn.net/qq_17523181/article/details/134414577

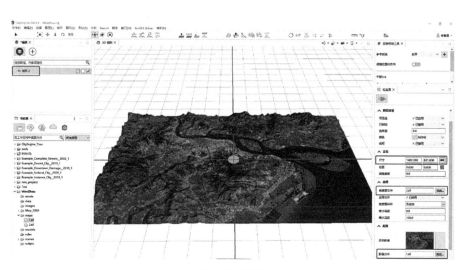

CityEngine 界面[1]

CityEngine 还具有可视化和交互式编辑工具，方便用户进行设计和修改。其在城市规划[44]、城市设计[45]、建筑可视化[46]等领域得到了广泛的应用，生成逼真的城市模型，模拟不同规划方案对城市形态和环境的影响。

2.2.2 常规编辑软件应用

AutoCAD 是 Autodesk 开发的计算机辅助设计软件，可用于 2D 和 3D 设计。它提供绘图、建模、注释等功能，适用于绘制平面图、剖面图和透视图等。SketchUp 是由 @Last Software 起初开发的，后来由 Google 和 Trimble 进行了持续的开发和支持。它已成为一款备受欢迎的 3D 建模软件，在景观设计、建筑设计、室内设计等领域广泛应用，提供了直观的建模工具和材质库，使景观规划实现可视化 3D 场景。

2.2.3 参数化编辑软件应用研究

2.2.3.1 Civil 3D 软件

Civil 3D 是由 Autodesk 开发的工程设计软件，具有丰富的工具和功能。在山地景观规划设计中可用于地形建模[47]、道路设计[48]、地质分析和三维可视化[49]等方面的设计研究，可进行精确、高效的道路、场地设计分析和编辑[50-51]，提高了设计的精准度。

Civil 3D 提供了一系列强大的工具和功能，能够有效解决山地地形复杂、环境敏感、工程难度大等问题。Civil 3D 允许用户导入现场地形测量数据，如点云数据等，生成精确的地形模型。这些模型可以反映出山地地形的特征，

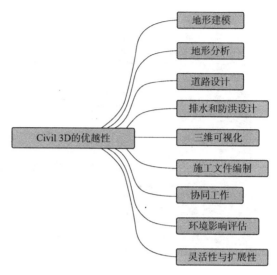

地形建模

地形分析

道路设计

排水和防洪设计

Civil 3D的优越性 — 三维可视化

施工文件编制

协同工作

环境影响评估

灵活性与扩展性

Civil 3D 在山地景观规划中的优越性

为规划设计提供基础。Civil 3D 内置的地形分析工具可以评估地形坡度、方向、高程等重要指标，帮助规划者了解山地的自然特征，从而在设计中做出合理的地形适应和利用。在山地景观规划中，道路设计尤为重要。Civil 3D 可以根据地形条件帮助设计师绘制出道路的纵、横剖面，自动计算出最佳路线，并进行路基、边坡等设计，减少对自然地形的破坏。此外，山区易发生水土流失和洪水灾害。Civil 3D 提供水文分析和管网设计工具，可以模拟降雨、径流等水文过程，帮助设计高效的排水系统和防洪措施。Civil 3D 还可以辅助完成环境影响评估报告，通过模拟建设前后的地形变化、覆盖类型变化等，评估项目对环境的影响。通过以上这些优势，Civil 3D 在山地景观规划设计中展现出其强大的功能和灵活性，成为处理山地工程项目的重要助手。

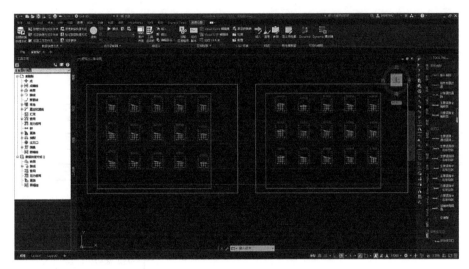

Civil 3D 界面

2.2.3.2 Revit 软件

Revit 软件是由 Autodesk 开发的基于 BIM 的建筑信息模型软件，主要用于建筑设计、市政工程设计。它提供了一个协同的数字平台，使建筑设计师、结构工程师、机电工程师和景观设计师等可以在同一模型中进行协作和集成设计。此外，它还提供了丰富的建模、文档生成、协同设计和数据管理功能，帮助景观设计师进行精确、高效的设计和协作，支持项目的全生命周期管理。

在山地景观规划设计中，Revit 提供了一系列工具和功能，能够有效解决山地地形的复杂性、建筑与环境的协调性以及工程施工的精确性等难题。Revit 允许用户创建复杂的地形模型，这些模型可以从导入的地形数据（如与 Civil 3D 协同）或通过手动编辑来构建。山地景观规划设计涉及多个专业，Revit 支持多专业协同工作，其中模型可以由不同的团队成员共同编辑和更新，确保了信息的一致性和准确性，这为山地项目提供了精确的地形基础，确保设计方案的地形适应性。另外，Revit 与 Autodesk 的其他分析工具（如 Insight）结合使用，可以进行太阳照射、风流等环境分析，帮助优化建筑物的位置、朝向和形态，以达到能源效率和室内舒适度的最佳平衡。此外，Revit 还支持 BIM 技术，使得在山地景观规划设计过程中，建筑与环境的协调更加高效。可以在建筑模型中添加环境要素，如植被、水体等，实现建筑与周围自然环境的有机融合。这种整合性设计不仅提高了设计效率，而且能够更好地展现项目整体的规划理念，为用户提供更加直观的体验。在工程施工阶段，Revit 的精确性和可视化功能为山地项目的实施提供了重要支持。通过在 Revit 中建立建筑信息模型，施工团队可以更清晰地了解设计意图，减少信息传递中的误差，提高施工质量。同时，

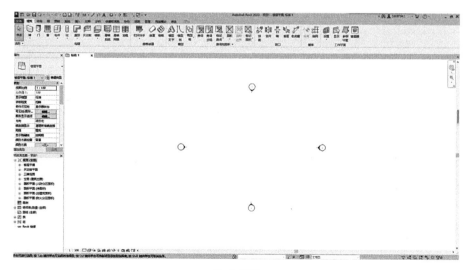

Revit 界面

2 国内外研究进展

利用 Revit 的可视化功能，施工人员可以直观地查看建筑模型，有助于准确实施施工方案。这种直观的可视化效果还可以提高施工人员的工作效率，降低施工成本。通过这些功能，Revit 在山地景观规划设计中提供了一个集成化、协同化的设计平台，能够帮助设计团队应对山地环境的复杂性，提高设计质量，加快项目进度，并最终实现更加经济和可持续的山地景观规划设计方案。

2.2.3.3　Grasshopper 插件

Grasshopper 是一款可视化编程工具，是 Rhino 的插件，由 Robert McNeel & Associates 开发。它在景观规划设计中得到广泛的应用，包括参数化设计[52]、建模和分析[53]、数据可视化以及与其他软件的集成[54]等功能，为设计提供了灵活和创新的工作途径，通过拖拽连接组件的方式，可创建从简单到复杂的几何形态和结构，而无需写任何代码。用户可通过 Rhino+ Grasshopper 获得强大的3D 建模、编辑的设计能力，使景观设计能够创建复杂的形

1 图片来源：http://www.archcollege.com/archcollege/2016/08/27293.html

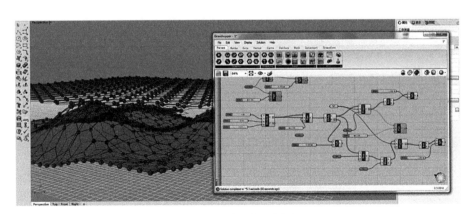

Grasshopper 界面与电池组[1]

态、结构和景观特征，基于编程途径实现景观创新设计。

　　在山地景观规划设计中，Grasshopper 可以处理和分析复杂的地形数据，生成地形模型。它能够分析地形特征（例如坡度、高程、方向），并据此生成响应地形条件的设计。Grasshopper 还能够创建参数化的模型，通过改变参数（如坡度、朝向、高度等）来快速调整设计方案，找到最佳解决方案。使用 Grasshopper，可以与环境分析工具（如 Ladybug 和 Honeybee）集成，进行山地日照、风流、温度等模拟，有助于创建与环境协调的可持续设计。利用 Grasshopper 可视实现山地道路、步道和其他基础设施规划设计，使其顺应地形，减少对自然环境的破坏。对于需要特殊设计解决方案的山地项目，Grasshopper 提供了一个可编程平台，可以开发自定义脚本和算法来处理特定的设计问题。

　　除了处理地形数据和生成地形模型外，Grasshopper 还可以通过与环境分析工具的集成，实现更加精细的模拟和分析，为设计方案的优化提供更多依据。这种参数化的设计方法不仅提高了设计效率，也使设计方案更加灵活和可持

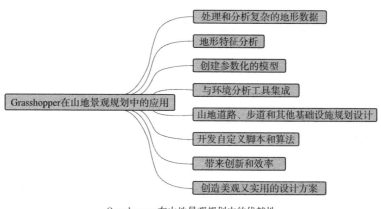

Grasshopper 在山地景观规划中的优越性

续。通过 Grasshopper 的应用，能够更好地理解和利用地形特征，使设计与环境更加和谐。在山地道路、步道和基础设施规划设计中，Grasshopper 的可视化功能帮助直观地呈现设计方案，让设计更具实用性和美感。Grasshopper 作为一个算法建模工具，通过提供灵活性和参数化控制，为山地景观规划设计带来创新和提高效率。它可以更好地应对山地环境的复杂性，创造出既美观又实用的设计方案。

2.2.3.4 Dynamo 插件

Dynamo 是一款基于 BIM 软件的插件，是开源的可视化编程工具，适用于景观参数化设计。它可与 Revit、Civil 3D 等软件集成，提供了丰富的设计算法和工作流程，实现参数化建模[55]与自动化设计[56]。在实际应用中，Revit+Dynamo 协同创建算法和规则可快速生成多个不同

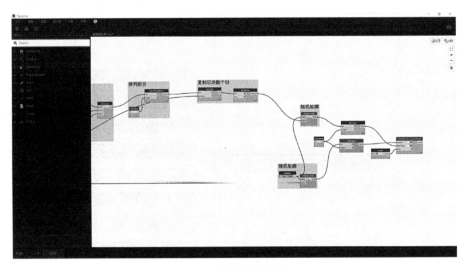

Dynamo 界面与节点链接

的设计方案，实现数字化设计比选。这种自动生成设计选项的方法极大地提高了设计效率，同时提供了更多的创作可能性。通过数字设计比选，设计团队可以更好地理解和比较不同设计方案的优劣，从而作出更为合理和优秀的设计决策。此外，Dynamo 作为开源的可视化编程工具，为设计提供了灵活性和定制性，可以根据项目需求自定义设计算法和工作流程，满足不同项目的特定要求。

2.2.3.5　Python+GIS

Python 与 GIS 协同[57]，可处理地理空间数据，进行地理分析和可视化[58]等工作。在规划设计中，Python 与 GIS 的结合可以实现数据处理和清洗、空间分析和模型、地理数据可视化、数据集成、空间数据预测[59-62]等分析，基于 Python+GIS 数字化平台能够更高效地处理和分析地理空间数据，支持决策和规划过程，并应用智能学习和数据挖掘技术进行项目预测和优化。

Python+ GIS 在山地景观规划设计中应用广泛，Python 可以通过自动化处理空间数据、执行复杂的分析和生成模型等功能来发挥重要作用。利用 Python 进行数字高程模型（DEM）的处理，可以分析地形特征，如坡度、坡向、高程等。使用 Python 自动化流域分析，可识别流向、流域边界和河网，实现山洪灾害风险评估。基于 Python 可识别山体滑坡、泥石流和雪崩的潜在区域，进行风险评价，规划逃生路线和安全区域，以及制定紧急疏散计划。利用 Python 评估山地生态系统的状况，可制定保护区域和生物多样性热点，监测和模拟植被覆盖变化，评估人类活动对生态环境的影响。

2.2.4 景观渲染软件

Lumion 是由荷兰 Act-3D 开发的软件，被广泛应用于建筑设计[63]、景观设计[64]。在景观规划设计中，Lumion提供逼真的景观可视化效果，支持与其他建模软件[65]（如SketchUp、Revit 等）的集成，通过设置路径和触发点，可以在可视化中演示场景中的不同视角和交互效果，增强设计方案的沟通和表达，并可以根据需求和反馈进行快速的调整和优化，以得到符合要求的景观设计方案。Lumion 不仅在建筑设计和景观设计领域得到广泛应用，还在城市规划和室内设计等领域展现出了巨大的潜力。在城市规划方面，Lumion 强大的渲染引擎和丰富的素材库使得城市规划师能够更直观地呈现城市发展的愿景，帮助决策者更好地理解和支持规划方案。Lumion 在室内设计领域的应用也备受关注，

Lumion 界面与节点链接

利用其快速渲染和实时预览功能，为客户展示室内设计方案，可提高沟通效率，减少误解。

以上软件应用分析说明，景观软件分类是多样的，涵盖了景观规划研究分析、设计、评估、运维等阶段，数字软件的不断发展和创新，为景观规划研究提供了强大的工具和方法。软件技术在景观规划研究从数据获取到分析与模拟，再到可视化的过程中，发挥了重要的作用，具体表现在以下几个方面：①数据处理与集成。软件技术应用使得数据的处理与整合更加高效、准确。例如，遥感图像处理软件可以对原始影像进行几何校正、辐射校正和镶嵌，使得研究人员可以获得更准确的遥感数据，帮助了解景观动态变化和植被覆盖情况。②景观建模与模拟。基于建立复杂的生态模型和模拟工具，研究人员可以预测景观演变趋势，模拟不同干扰因素对生态系统的影响，为制定科学合理的保护策略提供重要参考。③可视化。软件技术提升了数字景观成果的可视化水平。通过数据的可视化，研究人员可以更直观地展示景观的结构和功能，从而更好地传达研究成果。④协同与数据共享。软件技术促进了不同研究领域之间的协作与数据共享。研究人员可以通过数据转换与传递促进科学研究的跨界合作，推动数字景观规划研究领域的交流和发展。由此可见，软件技术的发展为数字技术在景观规划研究中的应用带来了巨大变化。它不仅提供了高效处理和分析大量地理空间数据的能力，而且支持复杂模型和模拟的建立与应用，以及成果的直观呈现，为景观规划研究提供更加精准、精细的模型参考和数据支撑。

软件在山地景观规划研究中的作用

软件名称	主要功能	山地景观规划设计中需解决的问题
ArcGIS	进行地理数据的收集、管理、分析和展示	收集和管理山地的地理信息，进行空间分析，为设计提供科学依据
AutoCAD	计算机辅助设计，绘制和编辑设计图	绘制和编辑山地景观规划设计图，提高工作效率
SketchUp	3D 建模，进行设计的三维可视化	创建山地景观规划设计的三维模型，直观展现设计效果
Revit	建筑信息模型，信息管理和协同工作	将所有设计信息集成在一起，实现信息共享和协同，提高工作效率和准确性
Rhino	3D 建模，复杂形状建模	创建山地景观规划设计的复杂形状模型，满足特殊需求
3ds Max	3D 建模和动画，进行动画演示	创建山地景观规划设计的动画，生动展现设计效果
Lumion	3D 渲染和可视化，进行高质量渲染	创建山地景观规划设计的高质量图片和视频，真实展现设计效果
QGIS	进行地理数据的收集、管理、分析和展示	进行地形地貌、生态环境、景观资源等的空间分析，为设计提供科学依据
Grasshopper	基于 Rhino 的算法建模工具，进行参数化设计	实现山地景观规划设计的自动化和智能化，提高工作效率和准确性
Civil 3D	基于 AutoCAD 的土木工程设计，进行地形地貌建模和分析	创建山地景观规划设计的地形地貌模型，进行地形地貌分析，为设计提供科学依据
ENVI	遥感图像分析，进行影像处理和解译	进行山地遥感图像的处理和解译，为山地景观规划设计提供遥感信息支持
Fragstats	景观格局分析，进行景观格局指标的计算和分析	对山地景观格局进行量化分析，为山地景观规划设计提供景观格局信息支持

2.3 遥感技术应用研究

遥感是通过使用卫星、飞机、无人机或其他途径，以非接触式的方式获取地球表面和大气信息的技术[65-67]。遥感技术可以提供广泛的地理和环境信息，包括地表覆盖类型、植被状况、土壤类型、水体分布、地形高程、大气成分等。刘浩[68]基于图像处理技术、OpenGL 和 Visual Lisp 编程技术、三维建模技术、虚拟现实技术和视频合成技术研究三维景观重现方法，实现了航空摄影和遥感信息的矢量化处理、平面图形的立体化快速生成。蔡青[69]基于遥感数据以长沙市大河西先导区规划范围为研究对象，分析了城镇化过程中不同景观格局指数之间的响应关系，完成了城市景观安全格局构建与优化。胡健波[70]梳理了遥感技术在植被垂直结构调查、植物物候监测、动物监测等方面的研究成果，强调了遥感技术在生态学研究中应用。吴健平[71]对遥感技术

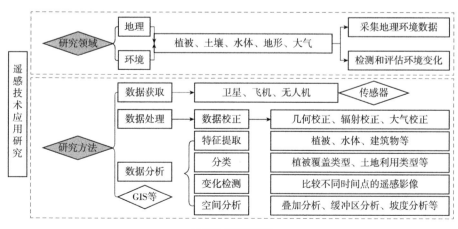

遥感技术应用研究

在城市空间布局信息分析、城市变化监测、规划实施情况检查等方面的研究证实遥感技术能为城市规划提供基础数据，为规划决策提供科学的依据与数据的支撑。以上研究说明，遥感数据可用于监测和评估环境变化，支持农业、林业、城市规划等各种应用领域，为景观模拟与规划以及生物多样性保护等研究提供重要的技术方法。

　　遥感技术应用涉及地形地貌分析、植被覆盖分析、遥感图像的解析、土地利用分析、灾害监测和预警等工作，基于以上数据解析山地的地形地貌特征和变化规律，为山地景观规划设计和建设提供科学的规划设计指导，具体体现在以下四个方面。

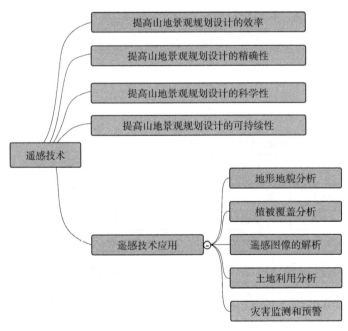

遥感技术在山地景观规划中优越性

（1）提高山地景观规划设计的效率

传统的山地景观规划设计方法通常需要大量的现场调查和测量，耗时耗力，而遥感技术可以通过遥感设备迅速获取大量的地面信息，显著提高了山地景观规划设计的效率。

（2）提高山地景观规划设计的精确性

传统的山地景观规划设计方法由于受到现场条件和技术手段的限制，往往难以获得准确的地面信息，而遥感技术可以通过高精度的遥感设备和先进的图像处理技术获取精确的地面信息，从而提高了山地景观规划设计的精确性。

（3）提高山地景观规划设计的科学性

传统的山地景观规划设计方法通常依赖于设计者的经验和感觉，科学性不强，而遥感技术可以通过对遥感数据的科学分析，提供客观、准确的地理、环境、生态等信息，从而提高了山地景观规划设计的科学性。

（4）提高山地景观规划设计的可持续性

传统的山地景观规划设计方法通常只关注单一的设计目标，忽视了山地的生态环境和可持续发展，而遥感技术可以通过对遥感数据的全面分析，考虑山地的多元属性和动态变化，从而提高山地景观规划设计的可持续性。

遥感技术在山地景观规划设计中作用

遥感技术应用	解决的山地景观规划设计问题	解决方法	作用	意义
地形地貌分析	理解山地的地形地貌	利用遥感技术获取山地的地形地貌信息，如高程、坡度、坡向等	提高了山地景观规划设计的效率和精确性，提供了科学依据	为土地利用和风景区开发等提供重要参考
植被覆盖分析	获取山地植被信息	利用遥感技术获取山地的植被覆盖信息，如植被类型、植被覆盖度、植被生长状况等	提高了山地景观规划设计的科学性，有利于生态保护和恢复	为生态修复、生物多样性保护等提供数据支持
土地利用分析	获取山地土地利用信息	利用遥感技术获取山地的土地利用信息，如土地利用类型、土地利用状况、土地利用变化等	提高了山地景观规划设计的精确性，有利于土地合理利用	为土地政策制定、农业发展等提供决策依据
灾害监测和预警	获取山地灾害信息	利用遥感技术获取山地的灾害信息，如灾害类型、灾害程度、灾害变化等	提高了山地景观规划设计的效率，有利于灾害防治	为灾害防控等提供保障
气候变化监测	监测山地气候变化	利用遥感技术获取山地的气候变化数据，如温度、湿度、降雨等	为山地景观规划设计提供准确的气候数据，有利于山地的环境管理和规划设计	为气候变化研究、环境保护等提供数据支持

2.4 模拟与可视化应用研究

　　模拟与可视化是数字景观规划研究方向之一，这项研究旨在利用计算机技术、模型和地理信息处理方法来模拟和可视化景观的动态变化过程，以深入了解和预测景观的变化。山地模拟是山地景观规划设计的重要手段。传统的山地景观规划设计方法通常依赖于设计者的经验和感觉，但这种方法在处理复杂、动态、多维的山地景观信息时，往往显得力不从心，而山地模拟则可以利用计算机技术和模型，模拟出山地景观的动态变化过程，从而提供更加精确和科学的山地景观规划设计方案。如通过 GIS 和遥感技术，获取山地的地形、植被、土地利用、气候变化等多元信息，然后利用这些信息构建山地景观模型，通过模型模拟山地景观的变化，为山地景观规划设计提供依据。其次，山地可视化是山地景观

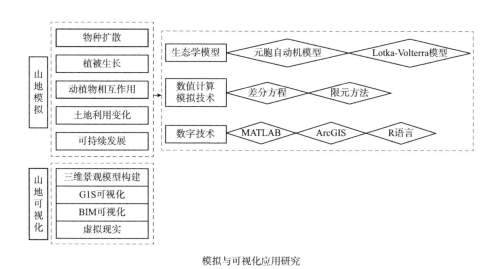

模拟与可视化应用研究

　　　　　　　　　　　　　　　　　2　国内外研究进展

规划设计的有效工具，通过可视化技术，将模拟结果以直观的形式展示出来，使山地景观规划设计的结果能够被更多的人理解和接受，帮助设计者和决策者更好地理解山地景观的动态性。

2.4.1　山地景观模拟

利用 GIS，可以模拟景观在不同的空间背景下演变和变化过程。相关的研究集中在景观生态过程模拟[72-73]，如物种扩散、植被生长、动植物相互作用等，研究其对景观格局和生态系统功能的影响；土地利用变化模拟[74-75]有助于研究土地利用和覆盖类型的动态变化；景观可持续规划和管理模拟[76]，将数字景观模拟应用于可持续发展规划和自然资源管理，研究不同规划策略对景观系统的影响，通常情况下，可持续规划和管理模拟是基于参数化设计技术平台，如BIM 平台，通过 BIM 全生命周期运维，实现景观可持续规划和管理模拟。需要强调的是，景观模拟不等同于景观三维模型构建，景观模拟更注重对景观格局、土地利用变化、植被动态、生态过程等进行定量化和预测。

山地植被的生长受到地形、气候、土壤、水分供应等因素的影响。通过山地景观模拟，可以精确地模拟这些因素对植被生长的影响，预测植被生长状况，为植被保护和生态恢复提供科学依据。

山地自然环境中，物种的扩散受到许多因素的影响，如地形、气候、土壤、食物供应等。通过山地景观模拟，可以精确地模拟这些因素对物种扩散的影响，预测物种在未来的扩散路径和速度，为物种保护和生态恢复提供科学依据，此外，动植物之间存在着复杂的相互作用，如捕食关系、共生关系等,通过山地景观模拟,可以模拟、预测动植物在未来的相互作用,为生态系统的保护和恢复提供科学依据。

在人类活动的影响下,山地的土地利用状况正在快速变化,如森林砍伐、农田开垦等。通过山地景观模拟,预测土地在未来的利用状况,可以为土地管理和规划提供科学依据。

2.4.2　景观可视化

数字景观可视化研究是利用计算机技术和可视化方法,将景观数据、模拟结果等过程以可视化的形式展现出来,数字景观可视化相关研究主要集中在可视化技术研究[77]、三维景观模型构建研究[78-79]、GIS可视化研究[80-81]、BIM可视化研究[82-84]、虚拟现实研究[85-86],这些研究说明基于计算机图形学、虚拟现实、三维模型和动画、参数化设计等技术,将景观数据和模拟结果转换成视觉效果,使得复杂的景观信息可以通过直观的图像和动画呈现出来,并且通过构建真实的三维景观模型,将地形、植被、建筑等景观要素以立体的方式表现出来。通过可视化研究,用户可以更好地感知景观的空间结构与特征,身临其境地感受景观的特征。此外,可视化技术还促进了规划分析和设计编辑工作的交流与沟通,提高决策的科学性和准确性。

山地景观可视化将山地的自然特征、生态环境和人文风貌等多元信息集成在一起,形成立体、直观、易于理解的信息展示方式。它主要涉及三维景观模型构建、GIS可视化、BIM可视化和虚拟现实等方面的内容。三维景观模型构建是山地景观可视化的基础。山地地形复杂、地貌丰富,通过三维模型可以真实再现山地的立体形态，更好地展示山地崇山峻岭、深谷幽壑的地形特点。除了地形，还可以通过三维模型展示山地的生态系统，包括植被分布、水文环境等，从而完整地呈现出山地的自然风貌。

在实现可视化路径中，GIS 和 BIM 平台是山地可视化技术重要途径。GIS 能够对地理数据进行收集、存储、管理、分析和展示。在山地景观可视化中，GIS 技术能够将地理数据转化为直观的图像和图表，使得山地的地形、地貌、植被等信息更加清晰。同时，GIS 技术还能够通过动态模拟展示山地景观的变化过程，使得人们能够更好地理解山地景观的动态性和复杂性。BIM 可视化技术也在山地景观可视化中发挥了重要作用。BIM 技术是一种基于三维模型的建筑信息管理技术，可以在设计、施工、运营等各个阶段对建筑信息进行全面、精确的管理。在山地景观可视化中，BIM 技术可以用于展示山地中的建筑物和设施，包括其结构、材料、功能等信息，使人们能够更全面地了解山地的人文环境。此外，随着 VR（虚拟现实）技术的不断发展，VR 技术为山地景观可视化提供了全新的视角和体验。通过 VR 技术，人们可以身临其境地体验山地的自然风光和人文景观，感受山地的壮美。此外，VR 技术还能够模拟山地景观在不同条件下的变化情况，使得人们能够更直观地了解山地景观的动态性和复杂性。

可见，三维景观模型构建、GIS 可视化、BIM 可视化和 VR 等技术为山地景观可视化提供了强大的支持。通过山地景观可视化，人们能够更好地了解和欣赏山地的自然特征和人文风貌，也能够更科学、更有效地进行山地景观规划和管理。

2.5 数字生态研究

数字技术在景观生态研究中利用数字技术与模型来量化和分析景观生态特征。数字景观生态研究[11-12]主要围绕景观特征分析、生境质量评估、生态过程模拟、景观服务功能评估、场景分析模拟等内容展开,利用遥感技术[65-67]和GIS等工具,实现对景观空间特征的分析,量化景观指标,如斑块面积、边界长度、连接性等,揭示不同景观要素之间的空间关系,评估景观的连通性、分布格局和多样性等特征。这些研究说明,数字技术在景观生态学研究中作用是多方面的。首先,数据获取和监测是生态学研究的基础,数字技术为此提供了强有力的支持,遥感技术实现监测和记录景观动态变化,例如植被覆盖、土地利用变化和水体分布等。这些高质量、大范围和高分辨率的地理空间数据为研究人员提供了详尽的信息,加深了研究人员对生态系统演变、评估人类干扰和应对气候变化的理解。其次,GIS分析在景观生态学中扮演着至关重要的角色。GIS整合管理和分析各种地

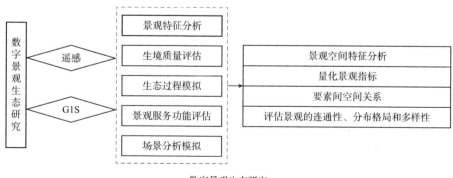

数字景观生态研究

理数据，通过将地理空间信息可视化，帮助研究人员发现空间格局和生态过程之间的关系。例如，通过 GIS 分析可以精确定位生态系统脆弱区域，评估景观连通性和预测物种迁移和分布等。与此同时，基于数字技术的模拟和预测也是景观生态学中的重要分析工具，通过建模和模拟，研究人员可以预测景观未来的演变趋势。可见，数字技术为景观生态学研究提供了强大的支持，为生态系统保护、规划、管理提供了精准的方法和手段。

2.6　数据标准转换研究 [1]

1 此研究成果已发表，见：崔星、尚云博、廖钦洪，等.基于 CityGML 与 IFC 数据标准的建筑模型构建研究 [J]. 北京建筑大学学报，2023，39（5）：25-34.

　　CityGML（城市地理标记语言）和 IFC（工业基础类）分别是 GIS、BIM 数据模型标准[87-88]，随着数字景观、数字建筑等内涵不断拓展与发展，基于 CityGML 与 IFC 信息交互的 GIS、BIM 协同应用在城市规划[89]、景观设计、工程建设管理[90]、城市公共安全管理[91]等领域受到高度关注。通过 CityGML 和 IFC 信息交互促进了 3D 城市模型、建筑模型信息集成、交换、转换，并提升了 GIS、BIM 数据融合与技术共享，为城市景观数字化与智能化应用带来更多可能[92]。根据阿米尔·阿布拉希米（Amir Ebrahimi）等[93]的研究，CityGML 与 IFC 信息集成与交互实践属于 GIS、BIM 协同应用"数据"层级研究，针对建筑模型，IFC 能够准确描述建筑空间、墙体、门窗、地板、屋顶、柱子等结构，而 CityGML 对建筑的描述停留在基于面要素构成的空间与结构表达[94]，两者数据信息不对称导致 CityGML、IFC 协同受限。有学者通过构建不同路径促进两种数据的

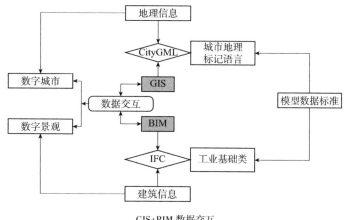

GIS+BIM 数据交互

交互与融合，但实现有效且全面数据交互仍然需共享技术持续进步[95-97, 98]。有研究指出 GIS、BIM 数据传递路径分别集中在 GIS 信息向 BIM 传递、BIM 数据向 GIS 加载、共同提取 BIM 和 GIS 数据于第三方平台 3 种方式，这些路径体现了 IFC 与 CityGML 交互融合 3 种途径，如 IFC 向 CityGML 转换、CityGML 扩展、IFC 和 CityGML 集成共享等[99]。前两种方式代表了信息单向传递，第 3 种方式体现了 BIM 和 GIS 多层次、多维度的信息共享应用。以上研究说明，CityGML、IFC 建筑模型信息交互是 GIS+BIM 协同应用数据层面限制性关键因素，CityGML 和 IFC 建筑模型融合程度与交互方式直接影响了 GIS、BIM 协同应用的深度。

国际上关于 CityGML、IFC 建筑模型转换的研究主要集中在 IFC 向 CityGML 转换实践中，这反映出建筑模型对地理信息加载的迫切需求，实现诸如建筑室内导航、建筑智慧工地建设、建筑公共安全管理等数字化、智能化应用。IFC 显现出更加灵活多样的建筑模型构建途径，而 CityGML 建模语言则强调不同细节层次（LOD）建筑模型表达；在应用尺度上，IFC 只关注建筑模型本身，CityGML 建筑模型则面向城市空间环境。与此同时，基于建筑模型描述特征差异，在建筑模型标准转换过程中，IFC 建筑模型无法与 CityGML 进行全面的一一对应转换，这造成了 IFC 与 CityGML 数据转换过程中不可避免的信息丢失。此外，CityGML 与 IFC 模型信息交互与共享研究表明，CityGML 与 IFC 模型信息转换与集成较成熟的方法是基于统一建模语言（UML）途径实现建筑模型构建，其核心过程是确定 IFC 向 CityGML 的映射关系，再将 IFC 实体模型转换为 CityGML 边界表面（Boundary Surface）模型完成 IFC 建筑模型向 CityGML 模型的转化。其中，基于 XML 格式编码的 ADE（Application Domain Extension，应用域扩展）机制是实现 IFC 信息高效集成在 CityGML 中的有效路径。另外，在 CityGML、IFC 信息转换研究中虽有诸如萨希卜（Salheb）等通过 Python 编程实现 CityGML、IFC 格式转换的途径，但从迈卡威（Mekawy）、萨尼（Sani）、林（Lim）、纳格尔（Nagel）、伊斯基达（Isikda）等的研究中发现手动操作过程仍然是主流的 CityGML 与 IFC 模型信息交互方式，这也从侧面反映出两种格式在进行语义过滤、几何变化、语义改进等过程时主观判断直接影响了模型信息的精准性。

由此可见，基于 CityGML 和 IFC 数据标准的建筑模型在智慧城市、GIS+BIM 协同设计等领域显现出广阔的应用前景，并发挥着底层数据集成的重要作用。CityGML 或 IFC 标准不足以单独支持与描述城市环境中模型信息，对于

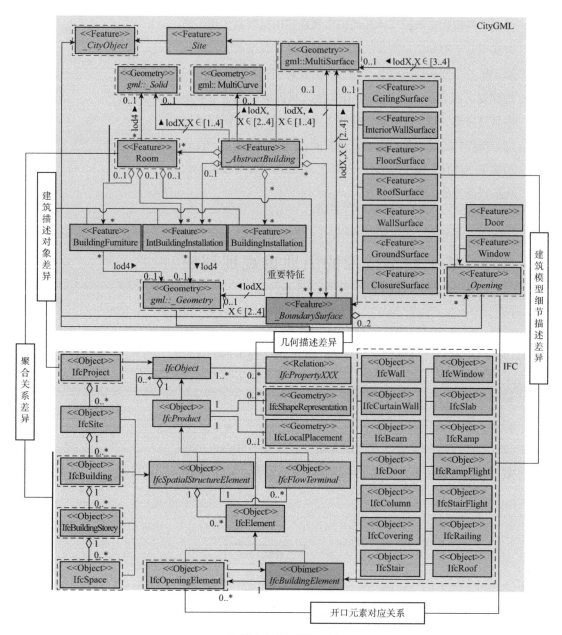

不同数据标准的模型差异[1]

1 NAGEL C. Conversion of IFC to CityGML[C]. Meeting of the OGC 3DIM working group at OGC TC/PC meeting, Paris, 2007.

模型的构建需要兼顾实体几何模型和地理信息双重描述，最终实现基于空间信息背景的城市模型，通过其准确的地理信息定位与丰富的建筑信息，融合、拓展其在城市建设中的应用深度。因此，CityGML 和 IFC 协同将为城市发展带来更多智慧应用，特别是在城市规划、建筑模拟分析、不同系统间互操作性能提升等方面实现诸如规划与设计一体化、设计与施工一体化、施工与管理一体化、管理与可持续发展一体化的模型智能应用。

2.7 基于数字技术的山地景观规划研究方法概述

　　数字景观规划研究方法是指在数字技术和工具的支持下，对景观进行研究和分析的方法。在基于数字技术的山地景观规划研究中，数据采集是非常关键的基础性工作。科学、准确的数据采集，可以为山地景观的模拟、分析和设计提供准确的信息，从而保证研究和设计有效性。山地数据采集的方法多种多样，主要包括遥感采集、实地采集、

基于数字技术的山地景观规划研究方法

无人机采集、GPS 测量、雷达探测、数据库查询等。通过多种方法和技术的综合应用，获取全面、精确、动态的山地信息，为山地景观的研究、规划和设计提供了强大的数据支持。

2.7.1 数据采集

在数字景观规划研究中，数据采集即地理空间数据和景观要素的信息获取，为后续的模型构建、分析和可视化提供基础。数据采集是数字景观规划研究中至关重要的一环。在现代科技的支持下，我们可以通过各种传感器、遥感技术和 GIS 来获取地理空间数据和景观要素的详尽信息。这些数据的准确性和全面性直接影响着后续模型构建、分析和可视化的质量和效果。因此，在数据采集阶段就需要确保数据的完整性、准确性和时效性，以提高后续研究的可靠性和科学性。地理空间数据的采集涉及多种技术和方法，例如卫星遥感、无人机航拍、GPS 定位等。这些技术的不断发展和应用使得我们能够获取到更加精细和多样化的数据，为景观规划研究提供了更丰富的信息基础。同时，景观要素的信息获取也越来越受到重视，比如地形特征、土地利用、植被覆盖等，这些要素的准确数据对于景观模型的构建和分析至关重要。在数据采集的过程中，需要考虑数据的质量管理和保障。数据质量的好坏直接关系到后续研究的可信度，因此在数据采集前需要对数据源进行筛选和验证，确保数据的来源可靠和准确。同时，在数据采集过程中还需要注重数据的标准化和一致性，以确保数据的可比性和可信度。

2.7.1.1 遥感采集

遥感采集是一种基于遥感技术的无接触式数据获取方法，通过多光谱或其他波段的辐射数据获取地球表面信息。遥感技术的广泛应用使得遥感采集在科学研究和实际应用中扮演着至关重要的角色。随着遥感技术的不断发展和完善，遥感采集不仅可以获取地表信息，还可以应用于资源管理、自然灾害监测、城市规划等多个领域。通过对不同波段的辐射数据进行分析，可以提供丰富的地球观测信息，并为环境科学、GIS 等领域的研究和应用提供重要的数据支持。遥感技术利用传感器从航天器（卫星、飞机或无人机）获取多光谱、红外、雷达等能量波段的辐射数据，进而转化为图像和数字数据。张东明[100]通过对土地利用基础数据或土地利

山地环境数据采集途径与效果

数据采集方法	功能	在山地环境数据采集中的应用效果
遥感采集	收集地面的反射或者发射的电磁波，获取地理、气象、环境等信息	覆盖大范围地区，获取持续、动态的山地信息
实地采集	通过现场调查和测量，获取自然和人文信息	获取详细、准确的地质结构、土壤类型、生物种类、人文活动等信息
无人机采集	通过无人机获取山地的图像和数据	灵活地对特定地点和时间进行采集，获取高分辨率的山地信息
GPS 测量	获取山地的精确地理位置和高程信息	确定山地的精确位置和高度
雷达探测	发射和接收无线电波，获取地下或者被云雾、植被覆盖的地形和地质信息	可以穿透云雾和植被，获取难以直接观测的山地信息
数据库查询	通过互联网或者本地数据库，获取公开和专业的历史和现状山地信息	可以获取大量的历史和现状数据，理解山地历史变化和现状

无人机遥感测绘 [1]

1 图片来源: https://www.
nongjx.com/tech_news/
detail/42234.html
2 图片来源: https://www.
51wendang.com/doc/
bb8bad876bebf14ac6e5b-
77c/8

GPS-RTK 测量 [2]

2 国内外研究进展

用数据库、地形图等纸质图件进行扫描、校正、数字化、投影，利用数字高程模型，将控制点正射投影到准确的卫星遥感影像数据上，形成数字土地利用图和地形图，最终实现遥感数据的采集与处理。可见，遥感数据可以提供大范围的地表覆盖信息，如土地利用、植被类型、水体分布等，应用遥感采集可获取大范围的地理信息数据[101]，如卫星影像、航空影像等。

2.7.1.2　实地采集

实地采集指对特定地区的景观要素进行实地调查和采集，数据包括植被种类、测量地形数据、土地利用情况等。实地采集可以提供详细和准确的数据，用于校准和验证模型。

2.7.1.3　无人机采集

使用无人机（UAV）采集高分辨率的空中影像数据，特别适用于复杂地形的地区。无人机影像可以提供更精细的景观信息，其数据采集方法包括规划飞行路径、采集数据、数据处理和分析、数据分析报告等。这些方法使得无人机成为一种高效、灵活且精确的数据采集工具。无人机采集地形数据的优势在于能够提供高分辨率、高精度的数据，同时有效降低成本，操作灵活并能够访问难以接近的区域。此外，无人机在数据采集过程中还展现出其独特的优势。通过结合先进的飞行路径规划技术和数据处理分析方法，无人机不仅可以实现对复杂地形的全面覆盖，而且能够快速、准确地获取并处理大量景观信息。这种高效、灵活且精确的数据采集工具，已经被广泛应用于多个领域。在景观生态学领域，利用无人机采集的高分辨率影像数据，帮助研究人员更好地理

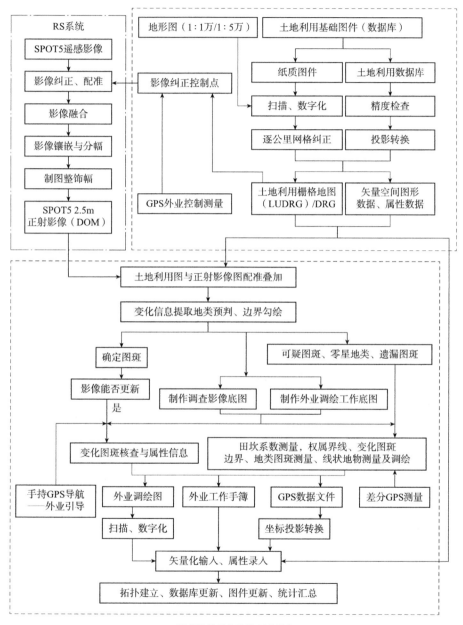

遥感数据采集及处理流程 [1]

---

1 张东明. 基于3S技术的土地利用现状变更调查技术及数据处理方法研究[D]. 昆明：昆明理工大学，2007：31.

　　　　　　　　　　　　　　　　　　　　　　　　　　　2　国内外研究进展

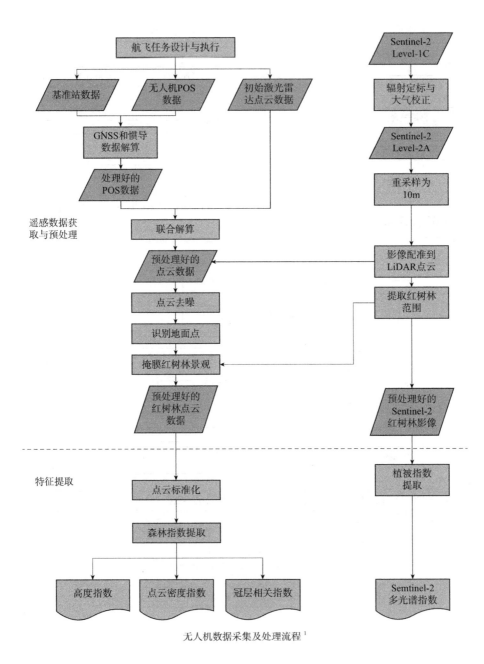

无人机数据采集及处理流程 [1]

1 王德智.结合UAV-LiDAR和卫星遥感数据的红树林多尺度观测方法研究[D].武汉:中国地质大学,2020.

解自然生态系统的结构和功能，从而为生态环境保护和恢复提供科学依据。在城市规划方面，无人机采集技术可以为城市规划工作者提供详细的地形地貌信息，帮助其更好地规划城市用地布局和基础设施建设，为城市可持续发展提供支持。

植被实地调查 [1]

1 图片来源：https://www.
sohu.com/a/332010353_
100133890
2 图片来源：https://www.
163.com/dy/article/E5R2PA-
HF0514GCU0.html

地形测量 [2]

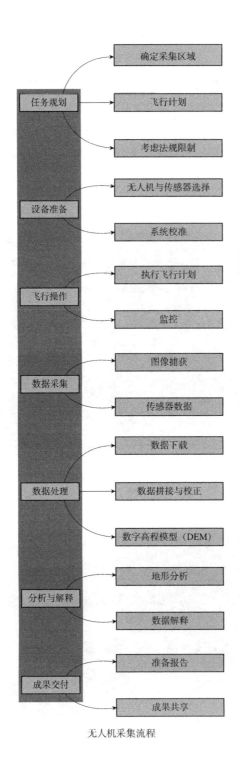

任务规划	确定采集区域
	飞行计划
	考虑法规限制
设备准备	无人机与传感器选择
	系统校准
飞行操作	执行飞行计划
	监控
数据采集	图像捕获
	传感器数据
数据处理	数据下载
	数据拼接与校正
	数字高程模型（DEM）
分析与解释	地形分析
	数据解释
成果交付	准备报告
	成果共享

无人机采集流程

多旋翼无人机[1]

旋翼无人机[2]

1 图片来源：https://www.sohu.com/a/415206249_120059709
2 图片来源：https://www.gkzhan.com/st244660/product_10906880.html

2 国内外研究进展

2.7.1.4 GPS 测量

GPS 测量[102]即使用 GPS（全球定位系统）获取地理坐标信息，以确定景观要素的位置和空间分布。

GPS 测量可用于标记野外样点、记录路径和轨迹等。GPS 是一种广泛使用的导航系统，它依赖于从卫星到接收器的信号来确定接收器在地球上的确切位置。GPS 系统由至少 24 颗卫星组成，这些卫星围绕地球轨道运行，并持续发送信号。地面上的 GPS 接收器需捕获至少四颗 GPS 卫星发出的信号。每颗卫星都会发送其当前时间和位置信息。GPS 接收器通过测量从卫星发出信号到接收器接收信号所需的时间来计算自己与每颗卫星之间的距离。通过从四颗或更多卫星接收的数据，GPS 接收器可以利用三角测量的方法确定其在三维空间中的位置（即纬度、经度和海拔高度）。最终，GPS 设备会将计算出的位置信息以图形或数字形式展示给用户。GPS 技术的广泛应用已经深刻地改变了我们的生活和工作方式。例如，在交通管理领域，GPS

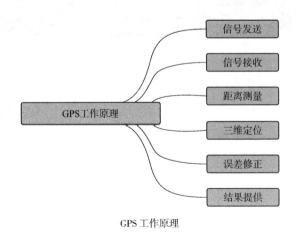

GPS 工作原理

GPS 测量 [1]　　　　　　　　　　　　　　RTK 测量仪 [2]

1 图片来源: http://www.
cjh.com.cn/article_73_
238155.html?from=
singlemessage
2 图片来源: https://www.
sohu.com/a/337588096_
120296774

系统的使用可以帮助交通部门实时监控车辆位置，优化交通流量，减少交通拥堵，提高道路使用效率。此外，GPS还被广泛应用于航空航天、地质勘探等领域。随着技术发展，GPS 技术也在不断创新和演变。高精度的差分GPS、实时动态定位系统（RTK）以及基于地面网络的增强定位系统（GNSS）等新技术的出现，进一步提高了位置测量的精度和实时性。这些新技术为各行业提供了更精准、高效的定位和导航方案。

2.7.1.5　雷达探测

雷达探测指基于激光雷达（LiDAR）或雷达干涉测量（InSAR）等技术获取地形高程数据[103]，这些数据对于景观模拟[104]和地形分析非常有效。激光雷达是一种常用于获取高精度三维空间数据的传感器。激光雷达通过发射激光脉冲来扫描周围环境。激光脉冲会照射到目标表面并返回给激光雷达。一旦激光脉冲照射到目标表面，部分光线会被目标表面反射回激光雷达，形成回波。激光雷达接收这些回波信号，通过测量激光脉冲发射和回波接收之间的时间差来计算光线在空间中的传播时间，从而确定目标的距离。激光雷达通常配备旋转镜片或多个激光发射器（接收器）来实现扫描，从而测量目标的水平和垂直角度。为了实现精确的地理参考，激光雷达数据通常需要与GPS和惯性测量单元（IMU）等传感器数据进行配准，以获取目标在地理空间中的精确位置。这种配准可以提高数据的准确性和可靠性，为后续的地形分析和景观模拟提供可靠的基础。通过激光雷达获取的地形高程数据，可以用于制作精细的数字地形模型（DTM），为山地景观规划设计提供详细的地形信息。除了在地形分析方面的应用，激光雷达技术还可以用于目标检测和环境建模。通过分析激光雷达数据，可以实现对山地环境中各种目标物体的检测与识别，为规划设计提供更全面的信息支持。同时，利用激光雷达数据进行三维环境建模，提供直观的空间感知，帮助规划师更好地理解和规划山地区域。激光雷达技术在山地景观规划设计领域的应用具有重要意义，它为规划设计提供了高精度的数据支持，为景观模拟和地形分析提供了更加精细和准确的工具。未来，随着激光雷达技术的不断发展和完善，相信其在山地景观规划设计领域的应用将会更加广泛和深入，为规划设计带来更多创新和可能性。

激光雷达数据采集流程

2.7.1.6　数据库查询

通过数据库查询[105]可获取已有的地理信息数据和景观要素数据，这些数据大多来自地理空间数据共享开源平台，如中国地理空间数据云平台、美国 NASA 地球数据中心。

中国地理空间数据云

美国 NASA 地球数据中心

地理数据库是专门用于存储和查询 GIS 数据的数据库。它们通常包含地理空间数据类型，如点、线、多边形和栅格，可用于表示地图、地理范围、位置信息和其他与地理相关的数据。通过数据库查询、获取的地理信息数据和景观要素数据，为 GIS 领域的研究和应用提供重要支持。地理数据库的建立和使用，使得人们能够更好地管理、分析和展示地理空间数据，进而为规划、环境监测、资源管理等领域提供科学依据和决策支持。在实际应用中，地理数据库不仅可以存储基本的地理要素数据，还能整合各种类

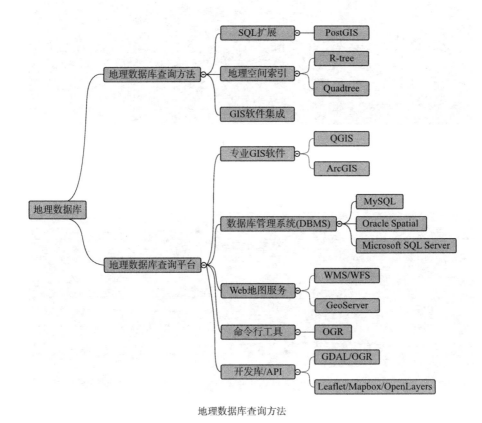

地理数据库查询方法

型的地理数据，包括地形、气候、土地利用等多方面信息，为跨学科研究和综合分析提供了便利。例如，在城市规划中，通过地理数据库可以对城市用地分布、交通网络、人口密度等数据进行整合和分析，帮助规划者更好地优化城市结构和公共资源配置。此外，地理数据库的开放共享也促进了全球地理信息数据的互通互用。通过地理空间数据共享开源平台，不同国家和地区的研究者和决策者可以获取丰富的地理数据资源，促进国际合作与交流。例如，中国地理空间数据云平台和美国 NASA 地球数据中心的存在，为全球环境保护、自然灾害监测等国际议题的研究提供了重要数据支持。

2.7.2 数据分析

山地景观规划研究涉及多个数据分析对象，每个对象都有其独特的意义和作用，对于生态保护、资源利用和可持续发展等领域至关重要。使用数字技术对这些分析对象进行综合研究，可以揭示它们之间的相互作用和影响机制，帮助科学家和决策者制定更加科学和高效的管理策略。例如，GIS 和遥感技术可以用来制定防止土壤侵蚀的措施，或监测气候变化对生物多样性可能产生的影响；精确的地形数据分析有助于理解山地地区的物理过程和生态系统布局。随着技术的进步和数据分析工具的发展，关于这些分析对象的研究将更加精细化和动态化，为解决山地地区面临的环境和社会经济问题提供支持。除了上述 GIS 和遥感技术，近年来，人工智能和大数据分析等新技术也开始广泛应用于山地景观分析研究中。这些新技术的引入为研究人员提供了更多维度和更高精度的数据分析手段，有助于更好地理解山地地区的复杂生态系统。在生态保护方面，数字技术的发展使得对濒危物种和生态系统的监测和保护更加精准和及时。利用高分辨率的卫星影像和深度学习算法，科学家能够实现对山地生物多样性变化的实时监测，及时采取保护措施。此外，结合 GIS 和气象数据，可以更好地预测自然灾害，提前做好防灾减灾准备工作，保障人们的生命财产安全。在资源利用和可持续发展方面，数字技术为山地地区的农业、水资源管理和旅游业等提供了更多可能性。通过精确的数据分析，可以优化农业种植结构，提高农业生产效率，减少土地资源浪费。同时，数字化的水资源管理系统能够更好地监测水资源的分布和利用情况，保障山地地区的水资源可持续利用。在旅游业方面，数字技术的应用可以提升旅游体验，同时减少对自然环境的破坏，实现生态旅游与可持续发展的有机结合。数字技术在山地景观规划研究中的应用不断拓展，为科学家和决策者提供了更多有效的工具和手段，有助于更好地理解和管理山地地区的生态系统，推动其可持续发展。

2.7.2.1　地形分析

　　数字地形分析是利用数字技术和地形数据对景观地形进行分析的过程。地形数据通常来自于高精度测绘技术（如激光雷达、雷达干涉测量等）或遥感技术（如高分辨率的数字高程模型）。数字景观地形分析可以为景观规划和研究提供重要的信息，如地形特征、坡度、高程变化等。相关研究显示数字景观地形分析研究主要聚焦地形表征分析 [106]、地形参数计算分析 [107]、地质和地貌研究 [108]，通过地形分析完成描述和表征景观地形的特征，如山脉、河流、湖泊、平原等。基于地形分析成果，如地形图、等

山地数据分析内容与效果

分析方法	功能	山地数据分析的效果
地形分析	解析地形特征，包括高程、坡度、坡向等	获取地形信息，从而为后续的设计提供依据
水文分析	对地下水、河流、湖泊等水文特征的研究	帮助了解山区的水资源分布和流向，从而为水资源的管理和保护提供依据
植被分析	提供关于地区内植被类型、覆盖度和分布的信息	了解植被的分布，预测可能的土壤侵蚀和景观改变，为规划设计提供参考
微气候分析	地区的温度、降水、风速和风向等气候因素特征	理解山区的气候特性，如降雪、降雨和风速，从而规划和设计适应这些气候的建筑和设施
建筑分析	理解建筑物的布局、类型、功能和使用情况，以及它们如何影响周围环境	了解山区的建筑特性，例如建筑的位置、形式和材料
人体感受分析	关注如何体验和感知环境，包括视觉、嗅觉、听觉和触觉等感官体验，这些数据可以帮助规划者设计更舒适和满意的空间	人体感受分析可以帮助理解游客和居民的需要和期望

高线图、体积分析、坡度分析等，可以直观地展示景观地形的空间分布和变化。数字景观地形分析在当代地理信息科学领域扮演着至关重要的角色。在实际应用中，数字景观地形分析不仅可以用于地形图和等高线图的制作，而且可以进行体积分析和坡度分析，进一步揭示景观地形的空间分布和变化趋势。这些分析成果为地理学家和规划者提供了丰富的信息支持，也为环境保护和自然灾害预防提供了有力工具。随着数字技术的不断发展，地形分析也在不断演进和创新。例如，结合人工智能和大数据技术，可以

2 国内外研究进展

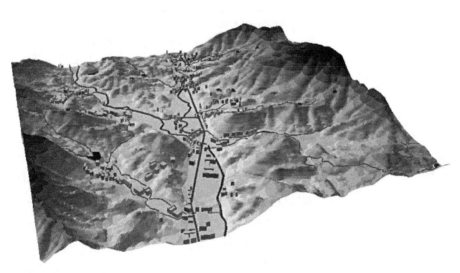

地形分析图 [1]

1 图片来源: https://www.sohu.com/a/366736019_657084

更加准确地识别地形特征和地貌类型，为资源管理和城市规划提供更科学的依据。此外，数字景观地形分析也可以与气候模型相结合，预测地形对气候变化的响应，为气候适应和应对提供重要参考。总的来说，数字景观地形分析是一项复杂而多样化的研究领域，其应用潜力和研究深度仍有很大的拓展空间。

地形分析在山地景观规划设计中扮演着关键角色，它对于确保项目的可行性、可持续性和环境兼容性至关重要。地形分析结合了环境科学、工程技术和美学设计，确保山地开发活动能在保护环境、确保人类安全和促进经济发展之间取得平衡。随着技术的发展，GIS、遥感技术和数字建模等工具的应用使得地形分析更加精准和高效，为山地景观规划设计提供了强有力的支持。

2.7.2.2　水文分析

数字水文分析是利用数字技术和地表水文数据对景观中的水文过程进行研究和模拟的过程，数字景观中的水文分析通常依赖于 GIS、遥感技术和水文模型等工具，通过水流模拟 [109]、洪水风险评估 [110]、土壤水分模拟 [111]、水循环 [112] 等过程预测河流的流量、径流、水体分布、洪水强度、蒸散发、降水、地表径流等水文过程，从而为景观规划、水资源管理、自然灾害预防等工作提供科学的理论依据与数据支撑。在数字技术和地表水文数据的支持下，水文分析的重要性日益凸显。通过分析水文数据，人们可以更好地把握水资源的分布和利用情况，为合理规划和管理水资源提供重要参考。此外，水文分析还能帮助评估洪水风险，及时采取预防措施，减少洪灾带来的损失。在日益严重的气候变化背景下，水文分析的重要性更加凸显，我们需要利用数字技术和地表水文数据不断完善水文模型，以更好地适应未来的水资源管理挑战。

2.7.2.3　植被分析

　　数字植被分析是利用数字技术和遥感数据对景观中的植被进行研究和分析的过程[113]。植被是景观中最重要的组成部分之一，其状况和分布对生态系统功能、生物多样性、气候和土壤保持等方面都有重要影响。数字景观植被分析可以获取植被类型、覆盖度、变化趋势等信息，为生态保护、土地利用规划和气候研究提供科学依据。植被分析主要基于遥感数据和数字图像处理技术，对景观中的植被进行分类，区分不同类型的植被（如森林、草地、农田等）。相关研究集中在植被指数计算与监测[114-116]、植被生态系统功能评估[117]、植被生态系统功能评估[118-120]、植被景观格局分析[121-122]等方面。可见，数字景观植被分析依赖于遥感技术、GIS和图像处理软件等工具。通过遥感数据可完成植被指数计算，获取植被的生长状态和植被覆盖度，监测植被的变化，评估植被对生态系统功能影响，研究植被的空间斑块大小、形状、连通性特征。基于植被分析可完成景观规划、农业生产、环境评估等方面的研究和决策。

2.7.2.4　微气候分析

　　基于数字技术的环境微气候分析是指利用传感器技术、数据分析与模拟等手段研究局部环境中的微气候特征和变化[123-125]。微气候是指在相对较小的地理范围内，受到地形、植被、建筑等因素影响而形成的特定气候条件。通过数字技术的环境微气候分析可以更加深入地了解局部环境中微气候的特征和变化。利用传感器技术获取的数据可以

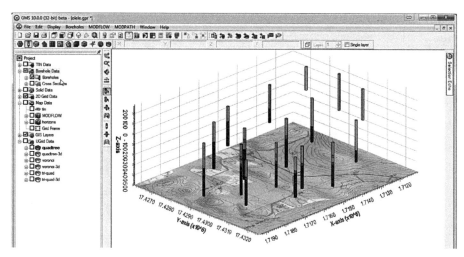

基于 Aquaveo GMS 水文分析 [1]

1 图片来源: https://www.
bilibili.com/video/
BV13F411E7Wu/?vd_source=
b523010ec7d6b68d75405c85
40312cfe

实时监测气温、湿度、风速等因素在不同地点的变化情况，从而为规划设计提供重要参考。在城市规划方面，了解局部微气候的特征可以帮助规划者更好地选择建设用地、设置绿化带、规划通风走廊等，以优化城市气候环境，提升城市居民的舒适感和生活质量。同时，针对不同季节和时间段的微气候变化，可以有针对性地设计城市绿化和建筑遮阳，提高城市的热岛效应调节能力。在建筑设计领域，数字技术的微气候分析可以帮助建筑师通过模拟不同微气候条件下的建筑热舒适性，优化建筑的朝向、形态和材料选择，减少能源消耗，提高建筑的环境适应性和可持续性。在生态环境保护方面，微气候分析可以帮助科研人员更好地了解植被对环境的调节作用。通过监测不同植被类型下的微气候变化，可以评估植被的降温、保护土壤、净化空气等功能，为生态恢复和保护提供科学依据。相关研究显示[126-128]，国内微气候分析研究大多基于 ENVI 数字平台

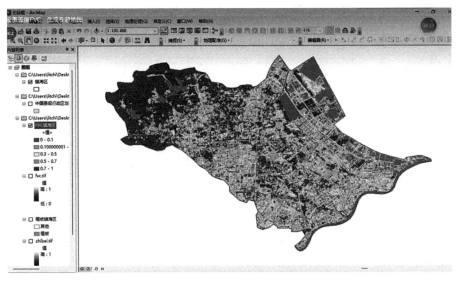

基于 ArcGIS 植被分析 [1]

且需要借助数据分析与识别、可视化展示、预测与模拟等
实验过程实现对环境气候分析，提升城市规划、生态保护、
农业生产等领域的科学决策。

1 图片来源：https://www.
bilibili.com/video/
BV1YP411K7GK/?spm_id_
from=333.337.search-card.
all.click&vd_source=b523010
ec7d6b68d75405c8540312cfe

2.7.2.5 建筑分析

　　数字建筑分析是利用数字技术、计算机科学和信息技
术来辅助建筑设计、建筑模拟、建筑施工和建筑管理等工
作，旨在提高建筑项目功能、效率、可持续等性能[129]。相
关建筑分析研究主要集中在建筑风环境分析[130-131]、建筑消
防[132]、建筑结构[133]、建筑给水排水[134]、建筑采光[135-136]、
建筑的可持续发展[137]等方面。这些研究涉及大量建筑参数、
性能指标、材料特性等，通过数据、指标、特性分析可以模
拟和评估建筑结构的稳定性、强度和刚度，确保建筑物在各

种条件下都具有合适的结构。此外，数字建筑分析可以评估建筑项目的可持续性表现，包括对材料的选择、环境影响、建筑生命周期成本等方面，以支持可持续设计决策。可见，数字建筑分析从设计到施工，从性能到可持续性，都能发挥重要作用，并提升建筑在设计、施工、运维等环节的质量和效率。

2.7.2.6 人体感受分析

（1）视觉分析

基于视觉影像的数字景观分析是利用图像和视频等视觉感受来对景观进行评估和分析的过程[138]。这种分析方法利用计算机图形技术，通过处理和解释视觉影像数据，从中获取有关景观特征、空间布局、视觉效果等方面的信息。基于视觉影像的景观分析可以应用于不同的场景和目的，包括景观设计、规划、环境评估等。眼动仪是目前常见的景观视觉分析设备，它是一种用于追踪和记录人眼在观察场景时运动模式和注视点的数字设备[139]。眼动仪的使用使得研究者能够更深入地了解人类对景观的认知和感知过程。通过记录观察者的眼球运动轨迹和注视点，可以揭示出景观中吸引人注意的元素、视觉焦点以及信息获取的顺序。这种定量的数据分析为景观规划设计师提供了重要的参考，帮助他们优化景观布局和元素设计，以创造更具吸引力和功能性的环境。相关研究[140-142]表明，眼动仪视觉分析技术可以实现对景观中的视觉注意、认知过程和行为的记录分析，深入了解人在观赏和体验景观时的视觉行为和认知过程，基于观看者注视点、视线移动、注意力分布等方面的数据，进而为景观规划和设计提供评价与决策。

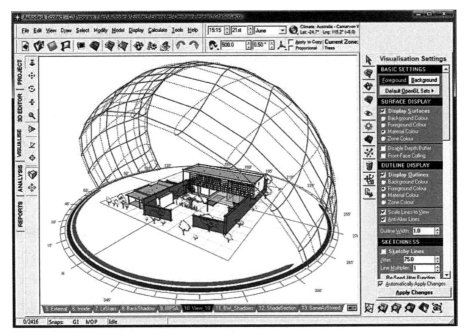

基于 Ecotect Analysis 建筑分析 [1]

（2）听觉分析

听觉分析是一种对声音和声音环境进行系统性评估和研究的方法，通过听觉分析收集、分析和解释声音现象，并提供关于声音特性、声音质量、声音源、声音传播等方面的信息分析 [143-144]。在进行听觉分析时，所使用的分贝声级计和频谱分析仪等设备，可以帮助我们更准确地评估声音环境，为创造舒适和宜居的声环境提供有力支持。通过这些设备收集到的数据，不仅可以分析声音的强度和频谱分布，还可以了解声音源的特性、声音传播的规律等方面的信息，为声音环境的改善和管理提供科学依据。在实际应用中，听觉分析的重要性愈发凸显。例如，通过听觉分析可以评估不同区域

1 图片来源: https://www.buildenvi.com/software/beea/ecotect

的噪声水平，有针对性地设计隔声措施，提高城市居民的生活质量。听觉分析也在环境保护领域发挥重要作用。通过对自然声音的分析，可以了解生态系统的健康状况，监测物种的活动情况，为生物多样性保护提供数据支持。数字景观听觉相关研究主要涉及声音环境评估[145-147]、噪声评估[148]等内容，实现景观噪声、人声、鸟鸣和自然声音等声音的类型、频率、强度和持续时间评估，从而优化景观规划，提升景观声音体验。

2 国内外研究进展

3

山地景观规划

研究概况

我国山地面积占国土面积的 68.2%，其中西藏、青海、重庆、四川、广西、贵州等省级行政区山地面积更是超过本区域面积的 70%[149]。山地作为承载自然资源、生态环境、自然景观、历史文化的重要载体，其规划研究受到社会普遍关注，众多学者围绕山地生态[150-152]、山地雨洪与防灾[153-154]、山地农业景观空间[155-156]、山地公园[157-163]、山地城镇与村落[164-168]、山地参数化设计应用[169-172]、山地植被[173-175]、山地建筑[176]等内容展开了丰富的实践探索，相关山地景观研究方法得到广泛的应用与推广。杜春兰[177]基于山地内容、体系、生态格局及生态美学构建山地城市景观学研究逻辑与方法，提出自然环境与人文环境和谐，审美意义与生态意义和谐的山地城市景观学研究目标。黄光宇[178]应用生态学原理，探索山地城市空间结构发展模式，提出有机分散与紧凑集中原则、就地平衡原则、多中心组团结构原则等 6 条山地景观规划原则，强调了生态化发展在山地城镇规划与建设中的重要作用。方精云等[179]认为地形地貌是山地结构和功能根本因素，其与各种生态现象和过程的相互作用是山地生态核心研究内容，根据 1985~2002 年国内外研究成果，方精云[180]总结出在人为干扰较少的山地，木本植物多样性分布的一般规律是随海拔升高，物种丰富度逐渐减少。毛华松等[181]围绕山地致灾因子、孕灾环境、承灾体关键要素，分析、归纳山地雨洪的灾害链及其链式的灾害演化关系，构建山地雨洪减灾规划策略。刘常莉[182]根据重庆山地立地条件和地形研究，构建了景观斑块关联，空间结构协调等因素的山地生态农业观光园规划原则与策略，促进山地生态农业园的可持续发展。张建林[183]以重庆山地公园植物群落为对象，从植被景观角度对其植物群落与景观设计进行研究，建立了山地公园代表性边缘地带植物群落设计模式，构建立体的山地公园植物群落景观。

以上研究表明山地景观规划研究是一个跨学科的领域，它融合了地理学、地质学、生态学、建筑学、城市规划等多个领域的理论方法。在实际的山地景观规划中，除了跨学科的理论方法外，还需要考虑当地特有的地理、文化、社会等因素。在规划实施过程中，需要深入了解当地的生态系统特点，考虑生物多样性保护、水资源管理、土地利用等方面的问题。此外，要充分考虑当地居民的生活方式、经济发展需求以及文化传承等因素，确保规划设计符合当地实际情况，并得到当地居民的支持和参与。在山地景观规划中，还应该注重可持续性发展的原则，即在保护自然环境的基础上，实现经济、社会和文化的协调发展。这需要将生态保护与经济发展相结合，通过合理规划利用山地资源，促进当地产业的发展，提高居民生活质量，同时保护山地生态环境的完整性和稳定性。只有在可持续性发展的框架下，山地景观规划才能真正实现其理论指导的目标。近年来，随着数字化技术的发展和应用，山地景观规划研究的主要方向和内容也发生了显著的变化和拓展，主要表现在以下方面。

3.1 山地生态研究

山地具有丰富的生物多样性和复杂的生态系统，是地球上重要的生态保护区。由于人类活动和气候变化的影响，山地生态系统正面临严重的威胁。如何在山地景观规划设计中实现生态保护和恢复，科学实现山地生态系统的功能评价、生态敏感性分析、生态红线划定、生态修复技术等，成为山地景观规划研究的关键问题。另外，山地地形复杂、空间环境条件差异大，因此，山地景观规划和设计需要考虑的因素比平地更多，也更复杂，这就要求对山地地形、植被、气候、水文等基础性数据进行可持续性分析，从而完成山地空间结构规划、山地建筑设计、山地交通规划、山地景观规划设计等。与此同时，山地水资源、土地资源、矿产资源、生物资源丰富，如何在保护山地生态系统的同时，合理利用这些资源，实现山地的可持续发展，是山地景观规划研究的重要课题。此外，随着全球气候变化的影响日益明显，山地对气候变化的适应也成为山地景观规划研究的重要方向。山地地区的气候变化特性和影响与平地有很大不同，需要进行特殊的研究和规划。如山地气候变暖可能导致冰雪融化、植物带分布海拔上升等问题，对山地生态系统和资源利用产生影响。

3.2　山地防灾

山地灾害防治也是山地景观规划研究一个重要方向。山地地区由于地形陡峭，易发生滑坡、泥石流、地震等自然灾害。这些灾害对人类生命财产构成严重威胁，也对山地生态环境造成破坏。因此，如何结合地质学、地理学、工程学等学科的理论和方法，实现防灾设计，采取有效措施减少灾害风险，是山地景观规划研究的重要内容。

山地滑坡灾害[1]

3.3 山地公园

1 图片来源: http://www.imde.ac.cn/mtjj_2015/201504/t20150430_4347385.html

2 图片来源: https://www.sohu.com/a/359817421_655296

3 图片来源: https://baijiahao.baidu.com/s?id=1736772627047476951&wfr=spider&for=pc

　　随着人们对山地公园旅游和休闲需求的增加，山地公园规划也成为山地景观规划研究的重要方向。山地旅游资源丰富多样，如自然景观、独特的民族文化、珍稀的野生动植物等。如何在保护山地生态环境和文化遗产的同时发展山地旅游、提高旅游服务质量，成为山地景观规划研究的重要课题。

重庆观音山山地公园[2]　　　　　　　　临安石山亚运山地公园[3]

3.4 山地农业规划

山地景观规划的研究方向还包括了山地农业和农村发展，以及山地地方性文化保护。在许多山区，农业仍然是主要的经济活动，而农村社区是人口的主要居住地。如何在山地景观规划中整合农业和农村发展，以实现生态、经济和社会的平衡，是一个重要的课题。这需要规划者对农业生产模式、农村社区结构、农村公共服务设施等进行深入研究。

由此可见，山地景观规划研究领域是多方面的，其研究是一个综合多学科的探索过程，但又受制于山地景观多因素作用，需要综合考虑自然地理、生态学、历史文化、城乡规划等多领域知识。山地景观规划方法也呈现出多学科交叉融合的特征，如基于"基质、廊道、斑块"的景观生态学原理，体现景观要素空间排列组合特征的景观格局分析法，尊重、传承历史文化与生态保护的可持续发展理念，注重数理统计与计算的生物多样性分析法，响应信息化与智能途径的参数化设计等。这些山地景观研究方法并不孤立，它们相互关联、相互影响，在实际的山地景观规划研究和实践中，需

1 图片来源 https://m.
thepaper.cn/newsDetail_
forward_4193606
2 图片来源 http://cq.cma.
gov.cn/sqxj/xwdt/sjdt/202005/
t20200527_1690194.html

重庆万州山地茶叶种植[1]　　　　　　　重庆江津花山地椒种植[2]

要跨学科、跨尺度、跨领域的整合和协调，以实现山地的生态保护、社会发展和经济利益的最大化。随着数字化技术的发展和应用，山地景观规划研究将更加精细化、智能化，为山地的可持续发展提供更强大的支持。山地景观规划涉及生态保护、空间规划、资源利用、社区参与、灾害防治、气候适应、公园规划、农业和农村发展，以及地方性文化保护等多个方向，需要综合运用各种学科知识和技术手段，进行全面、系统、科学的规划。

4

山地景观规划研究

存在的不足

4.1　多元数据采集与集成困难

首先，山地地形复杂，开展山地地面数据调研或数据采集相对困难。其次，山地景观高质量数据的获取仍然存在一定问题，例如，常规遥感数据可能无法提供足够高质量的空间信息、影像信息，符合山地景观规划研究的相关数据需要付出更多的成本投入，这无形中提高了山地景观规划研究的门槛。与此同时，山地景观规划研究需要基于多学科协同，往往需要整合多源数据，如地形数据、交通数据、人口数据、植被数据等，然而，数据的类型、格式、质量和准确性可能存在差异，使得数据整合和共享变得复杂。

4.2　缺乏山地模型比对

在山地景观规划研究中，缺乏适用于不同规划目的的山地模型，决策者难以准确评估各种规划方案的优劣，难以准确预测规划方案可能带来的影响，使得规划决策存在风险，不利于比选最佳山地景观规划方案。

山地模型[1]

1 图片来源: https://ww2.mathworks.cn/products/mapping.html

4.3 跨学科协作困难

　　山地景观规划涉及多学科交叉，需要综合考虑不同学科的知识和专业技术，如果只从一个学科角度出发，可能很难全面了解山地景观的多样性和复杂性，不同学科之间的交流与协作可以帮助山地研究人员获取更全面的信息，为山地景观规划提供更合理的建议。但不同学科之间可能存在专业术语和方法的差异，缺乏有效的协作可能导致合作困难，使得各学科之间互相理解彼此观点变得更加困难。

　　　　　　　　　　　　　　　　　　　4　山地景观规划研究存在的不足

4.4 景观可视化模拟受限

山地景观要素多样，包括地形地貌、植被、水体、建筑、人口、交通、历史文化等要素，要素之间存在着复杂的关系。现阶段，在进行可视化展示时，要完整地呈现基于不同数据标准的山地景观要素和关系仍然面临技术上的困难，多元数据缺乏统一的数据标准，很难将不同数据格式进行统一。例如，在山地模型中，BIM 数据与 GIS 数据整合仍然存在诸多技术上的障碍，造成可视化结果的差异。

4.5 缺乏对山地独特生态系统全面性研究

山地生态系统复杂多样，对气候变化和人类干预的响应也各不相同。山地景观规划需要深入和详细的研究，解析生态系统的运行方式，以及如何在规划设计中更好地保护和利用生态系统。

4.6　山地防灾设计存在不足

　　山地地区常常面临着地质灾害、洪水、干旱等自然灾害的威胁。在灾害预防和减灾方面的认识和技术仍然不够成熟，需要发展新的技术和方法，更好地应对这些灾害。

　　综上所述，现阶段，山地景观规划在数据获取、决策科学性、数据标准统一、可视化展示、跨学科协作、防灾减灾等方面面临一些窘境。因此，山地景观规划研究需要在技术和方法上有新的实践和探索，以提高山地景观规划的科学性与可持续性。

5

基于数字技术的山地

景观规划设计研究

随着科技的进步，数字技术日益融入山地景观规划设计的各个环节，提供了全新的视角和工具。大量信息化和数字化手段为山地景观规划设计带来更多的可能性，如通过无人机、卫星等手段，获取大量实时、高精度的山地地区信息，获得地貌、植被覆盖、气候条件信息等。大量数字软件的应用，如 GIS、BIM 技术，对各种规划设计的决策过程起到关键的支撑作用。数字模拟和建模技术在山地景观规划设计中也得到了广泛的应用。通过计算机模型，模拟山地生态系统的动态变化，预测自然灾害、气候变化的影响，为规划设计提供科学的数据支持。与此同时，大数据分析技术、AI 和机器学习技术也在山地景观规划设计中崭露头角，通过分析社交媒体数据、卫星遥感数据等，能够对山地地区的环境变化、旅游需求等进行深入的研究，为规划设计提供更丰富的信息。AI 算法可以对大量复杂数据进行快速处理和分析，对山地景观规划的影响预测、灾害风险评估等都有着重要作用。数字技术在山地景观规划中提供了强大的数据分析、山地景观建模与模拟预测、空间分析等功能，有效解决了山地景观规划存在的问题，有助于制定科学、有效的山地、规划策略。相关的研究主要集中在山地地区影像和地理信息研究、山地景观三维模型构建研究、山地空间分析研究、山地环境影响评估、智能和自动化技术在山地景观规划中的应用等，虽然在数字技术加持下山地景观规划研究克服了山地景观可视化模拟、数据集成等多方面技术不足，但由于其涉及丰富的景观要素、受制于多变的自然环境，面临诸多山地因素的多样性与复杂性，为了更好地协同解决山地景观规划问题，本书提出基于 LIM、GIS+BIM 协同的山地景观信息模型路径，构建智能化、参数化的山地景观规划设计方法，实现多元数据集成、多专业协同的山地景观规划设计。

5.1 基于不同数字平台山地景观规划设计研究

5.1.1 BIM 山地景观规划设计

5.1.1.1 Civil 3D

Civil 3D 是一款工程设计和文档创建 BIM 软件,用于建筑信息建模构建,主要解决路线设计、地形工程设计领域参数化设计相关问题。在山地景观规划设计中,Civil 3D 擅长完成山地地形设计、道路设计、排水系统等精细化设计工作,支持点云、GIS 数据和数字高程模型等多种数据源,基于高精度数据创建地形模型。这说明 Civil 3D 的核心功能之一是创建和编辑地形表面,精细化地反映地形形状和特征。此外,Civil 3D 的地形设计还包括了分析和仿真功能,解决设计过程中模拟与预判的问题。如使用水流模拟功能来评估排水系统的效果,或者使用阳光照射分析来评估建筑的能效,这些功能提供了一个量化的工具,有助于更科学的设计决策。再如,山地道路设计是一个复杂的过程,需要考虑到地形、地质、气候等多种因素,Civil 3D 能够基于现状条件自动计算道路选线、道路土方量,生成纵横剖面图,帮助评估道路设计的可行性和优化设计,从而预估道路布局对现有地形的影响,最大限度地利用现有地形,降低施工成本。另外,Civil 3D 自动生成的施工图对山地景观规划设计有着重要的作用,可基于施工图在平面图中清楚识别填方挖方区域,合理布局山地景观要素。

可见,Civil 3D 在解决山地景观地形设计中具有卓越参数化设计能力,基于 Civil 3D,可以轻松创建、编辑并优化

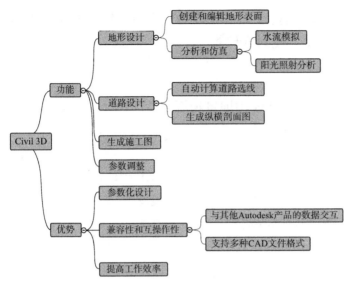

Civil 3D 在山地景观规划设计中的功能和优势

Civil 3D在山地景观规划中的功能和应用

功能	应用
地形设计	提供深入理解和分析地形的工具，帮助设计人员理解项目地理环境
道路设计	创建复杂的交通网络，包括车道、交叉路口、立交桥等，并模拟交通流量和交通状况，以便优化设计方案
管道和排水设施设计	创建和优化水资源设施，如排水设施、水处理设施等
土方计算和分析	对土方开挖、填充、移动等进行详细计算和分析
文档和图纸生成	自动生成详细的设计文档和施工图纸，包括平面图、剖面图、立面图等，提高设计文档的准确性和一致性，提高工程项目的质量和效率
BIM 和协同设计	支持 BIM 工作流程，与其他 Autodesk 的设计和建筑软件无缝集成，实现多专业、多阶段的协同设计和信息共享

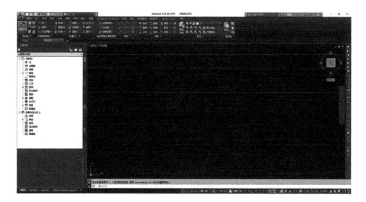

Civil 3D 界面

Civil 3D 山地地形分析

5   基于数字技术的山地景观规划设计研究

各类参数，以满足个性化设计需求。如调整地形参数，以最佳方式塑造山地地形，创建出最符合设计目标和环境要求的地形模型，这种灵活性和易用性使得 Civil 3D 成为山地景观规划设计的必备工具。除了上述优点，Civil 3D 还具兼容性和互操作性，可以与其他 Autodesk 产品，如 Revit、InfraWorks 等进行数据交互，直接导入和导出各种 CAD 文件格式，包括 DWG、DXF、DGN 等。这使得设计数据兼容于不同的软件平台，大大提高了工作效率。

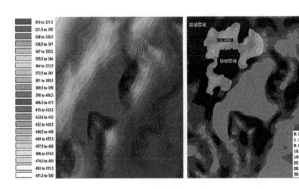

山地高程与坡度分析

山地模型

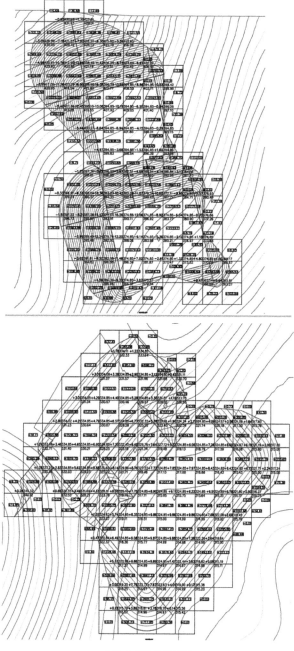

山地土方设计施工图

5 基于数字技术的山地景观规划设计研究

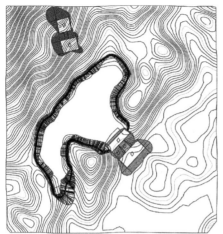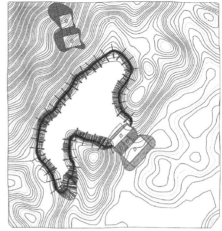

山地地形设计（道路、场地）

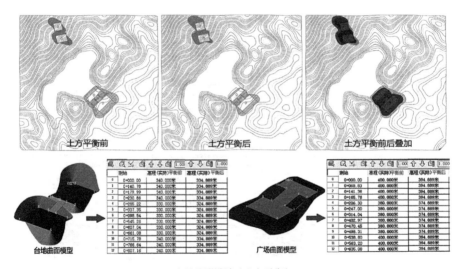

土方平衡前　　　　　　　　土方平衡后　　　　　　　　土方平衡前后叠加

台地曲面模型　　　　　　　　　　　　　　广场曲面模型

山地地形设计（土方平衡）

5.1.1.2　InfroWorks

InfraWorks 是一款由 Autodesk 开发的基础设施设计软件，通过三维视觉化工具，使设计师能够创建、查看和评估城市和基础设施设计项目。

InfraWorks在山地地形设计中的功能作用

功能	作用
数据采集和集成	InfraWorks 可以接受多种数据格式,包括 GIS 数据、CAD 数据、BIM 数据和航空摄影数据。这些数据可以用来创建详细的基础设施模型,包括地形、建筑物、道路、桥梁等
三维视觉化	InfraWorks 提供了强大的三维视觉化工具。设计师可以使用这些工具创建真实的三维模型,这些模型可以显示基础设施项目的空间布局和视觉效果,并且可以从不同的角度和比例尺度进行查看
早期设计和规划	InfraWorks 可以用于基础设施项目的早期规划和设计。设计师可以在软件中创建初步设计方案,如道路、桥梁、隧道,然后对这些方案进行评估和优化
模拟和分析	InfraWorks 提供了一系列的模拟和分析工具。例如,它可以模拟交通流量,分析交通状况;模拟洪水,分析洪水的影响范围和破坏程度;模拟日照,分析日照对建筑物和空间的影响
协作和共享	InfraWorks 支持项目团队协作,并可以将项目分享给其他人。设计师可以在软件中共享他们的设计方案,让其他团队成员或客户对设计方案进行查看和评论

在山地景观规划设计中,InfraWorks 基于地形数据创建实际的地形模型,这些模型不仅可以显示山地的高度、坡度和曲率,还可以显示山地的自然特征,如河流、湖泊和植被,这为山地景观规划设计提供了坚实的基础。同时,InfraWorks 的三维视觉化功能可以提升对设计方案的理解。通过 InfraWorks,设计师可以创建真实的三维模型,这些模型不仅可以显示设计方案的空间布局,还可以显示设计方案的视觉效果,如建筑物的外观、道路的布局和景观的布置。这使得设计师和决策者能够从不同的角度和比例尺度来查看和评估设计方案。

此外,InfraWorks 的模拟和分析功能可以帮助解决山地景观规划设计中的一些问题,如降低灾害风险。总的来说,InfraWorks 在山地景观规划设计中有着重要的价值。它不仅可以帮助设计师深入理解地形和地理特征,还可以通

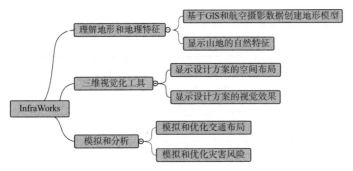

理解地形和地理特征 — 基于GIS和航空摄影数据创建地形模型
理解地形和地理特征 — 显示山地的自然特征

InfraWorks — 三维视觉化工具 — 显示设计方案的空间布局
三维视觉化工具 — 显示设计方案的视觉效果

模拟和分析 — 模拟和优化交通布局
模拟和分析 — 模拟和优化灾害风险

InfraWorks 在山地景观规划设计中的功能和优势

过三维视觉化工具帮助决策者更好地理解设计方案，同时，它的模拟和分析功能也可以帮助解决山地景观规划设计中的一些问题，InfraWorks 的三维可视化界面与模拟功能将在山地景观规划设计中发挥更大的作用。

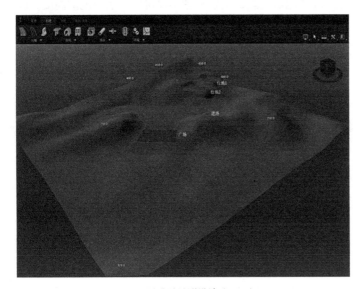

InfraWorks 山地地形设计（DEM）

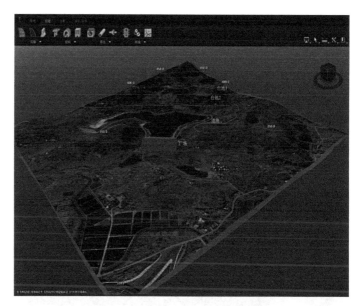

InfraWorks 山地地形设计（DEM+卫星图像）

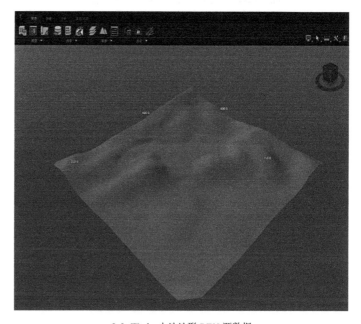

InfraWorks 山地地形 DEM 源数据

5　基于数字技术的山地景观规划设计研究

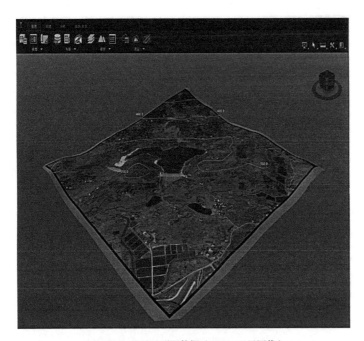

InfraWorks 山地地形源数据（DEM+ 卫星图像）

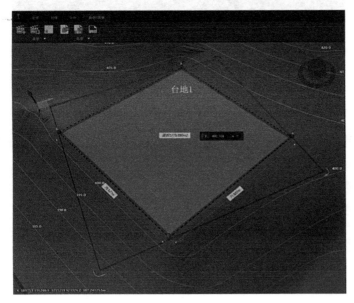

台地地形编辑

InfraWorks 山地地形设计

5.1.2 GIS 山地景观规划设计

GIS 是一种针对地理空间数据进行存储、检索、分析和可视化的计算机系统，融合了计算机科学、地理学、统计学等多个学科的知识，旨在解决地理空间问题，主要功能包括数据收集和管理、数据分析、数据可视化、模型构建等内容。

GIS 在山地景观规划设计中有着重要作用，山地是地球表面上最为复杂的景观之一，其地形、气候、生态系统以及人类活动等因素相互交织，形成了极其复杂的环境系统。GIS 能够收集、整理以及分析这些信息，提供一种有效的工具来理解和解析这种复杂性。在山地景观规划设计中，GIS 可以用于创建详细的地形图和地面模型，这些模型能够揭示

GIS功能和应用

功能	应用
数据收集和管理	从各种来源收集地理数据，如卫星图像、地形图、人口统计数据等，并进行管理和存储
数据分析	进行各种复杂的空间和统计分析，揭示数据之间的关系、模式和趋势
数据可视化	将地理数据转换为地图和图表,使人们直观地理解和分析数据。用户可以自定义图层、色彩、符号等元素，以最适合他们需求的方式呈现数据
决策支持	通过分析和可视化工具为决策者提供强大的支持，无论是城市规划、环境管理、灾害应对，还是市场研究和社区发展，GIS 都可以提供信息
地理信息共享	将地理信息以地图或其他形式共享给公众或其他利益相关者，提升公众参与，提高透明度，促进合作

GIS 山地模型

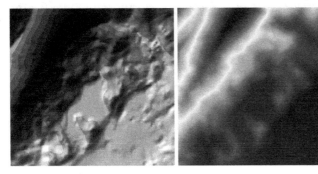

GIS 山地景观分析图

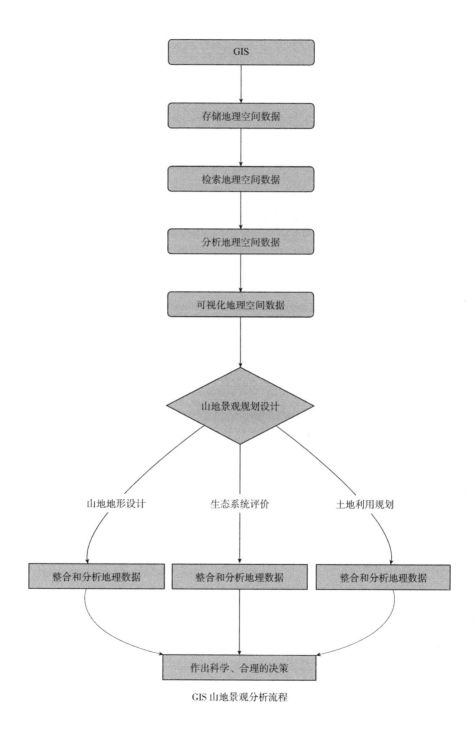

GIS

存储地理空间数据

检索地理空间数据

分析地理空间数据

可视化地理空间数据

山地景观规划设计

山地地形设计　　　生态系统评价　　　土地利用规划

整合和分析地理数据　　整合和分析地理数据　　整合和分析地理数据

作出科学、合理的决策

GIS 山地景观分析流程

　　　　5　基于数字技术的山地景观规划设计研究

地面的形状、坡度、方向以及其他地形特性。同时，GIS 还可以收集和分析气候、植被、土壤、水资源等信息辅助山地景观规划设计。可见，基于 GIS 可以实现山地地形设计、生态系统评价、土地利用规划等内容，有效整合和分析地理数据，帮助规划设计作出科学、合理的决策。

5.2　景观信息模型（LIM）研究

5.2.1　LIM 研究概况

景观信息模型（landscape information modeling, LIM）是一种应用于风景园林领域的信息建模方法，旨在整合和管理风景园林景观的各种数据和信息，实现风景园林设计与规划的数字化和可视化[184]。LIM 结合了 GIS、BIM、计算机辅助 CAD、三维建模和数据库技术等，构建一个综合的信息模型，以支持风景园林相关项目的规划、设计、施工、管理、运维。随着 LIM 平台技术的发展，强调关联与过程描述的参数化设计凭借其方案比对及优化更新等特性在景观规划设计行业受到高度关注[185]。LIM 与 BIM 同源[186]，是创建利用数字化模型对风景园林工程设计、建造、运营全过程实施管理和优化的过程、方法和技术[184]。随着 LIM 技术不断发展与变化，众多学者将 BIM、GIS 技术作为 LIM 研究的主要技术手段，取得了丰硕的研究成果，郭湧在理论与实践探索中逐步完善 LIM 的概念内涵与技术应用体系，将 BIM 作为 LIM 的技术基础[187]，应用 Civil 3D 对秦始皇陵进行数字地面模型构建实验，探索了 LIM 构建技术路径[188]，并确立以 Civil 3D 为核心的 LIM 模板开发以及基于"雾计算"技术的"互联网＋"LIM 协同设计平台，通过 12 项实践研究验证了 LIM 在景观规划设计中的科学性与必要性。成玉宁通过 GIS 技术在南京牛首山水景设计分析与规划中的应用将 LIM 理念与景观参数化设计机制应用于工程实践中[170]，丰富了 LIM 研究方法。他认为 LIM 和 BIM 在概念和内涵上具有相似性，由于风景园林设计存在缺乏量化分析与评价体系、信息传递缺乏精准度、协同作业难度大、信息交流困难等问题，构建基于交互式参数化设计的 LIM 系统势在必行[189]。包瑞清[190]应用 Python、Grasshopper 等编程语言，探索参数化协同处理的景观规划设计路径，并构建城市空间数据分析方法，同时，将风景园林等相关专业研究程序与方法基于"代码结构途径"，通过编程突破传统设计平台技术束缚，完善 LIM 技术。此外，

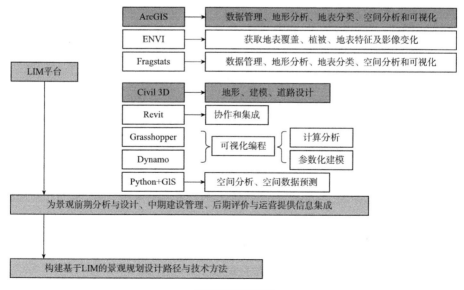

LIM 的内涵与作用

　　　　　　5　基于数字技术的山地景观规划设计研究

刘东云等[191]、舒斌龙等[192]、刘雯等[193]、安德烈亚斯·卢卡（Andreas Luka）等[194]的研究发现，针对场地、道路、水景、建筑、植物等景观要素，BIM 平台技术能够实现相应的信息模型，并为景观前期的分析与设计、中期的建设管理、后期的评价与运营提供信息集成。以上学者通过对 LIM 理论与实践的研究，构建了基于 LIM 的景观规划设计路径与技术方法，丰富了 LIM 逻辑与内涵。

以上研究结果说明，LIM 是一种新兴的将 GIS 技术、BIM 技术、DTM、遥感图像、地质地貌数据、生态系统数据等多维度信息融合，在三维环境中实现对地形地貌、生态环境、气候条件等地理景观模拟与分析的方法，进一步为城市规划、自然资源利用、景观规划设计、环境保护等领域提供决策支持。LIM 基于 GIS 的空间分析能力，整合地理、地质、生态、气候等多种数据，形成一个基于地理空间的多尺度、多维度、多元化的 LIM 模型，能够全面、深入地反映和分析地表景观的空间结构和动态变化。相关研究说明 LIM 理论框架主要包括数据采集与处理、模型构建与优化、景观模拟与分析、决策支持与应用四个环节。在数据采集与处理环节，多源、多尺度、多时相的地理信息数据是构建 LIM 的基础，包括通过遥感技术获取的地表影像、通过地理勘查获得的地质地貌数据、通过生态调查获得的生态系统数据、通过气象观测获得的气候数据等。这些数据需要经过预处理、数据融合、空间插值等步骤，形成一个完整的、连续的、高精度的地理信息数据库。在模型构建与优化环节，根据研究目标和数据特性，选择适当的模型构建方法，如地貌模型、生态系统模型、气候模型等，通过算法优化和模型验证，确保模型的精度和可靠性。在景观模拟与分析环节，利用构建好的 LIM，进行地形地貌、生态环境、气候条件等各种地理景观的模拟分析，包括景观的空间分布和结构分析、景观的动态变化和演化分析、景观的多尺度和多元化分析等。这些分析能够从多角度、多层次、多尺度揭示地表景观的复杂性和动态性。在决策支持与应用环节，LIM 的研究结果转化为实际应用，为城市规划、自然资源利用、环境保护等领域提供科学依据和决策支持。这需要将 LIM 的技术语言转化为决策者可以理解的信息，以及与决策者的有效沟通和合作。

由此可见，LIM 通过地理信息科学、建模技术等途径，创建并应用于景观规划、设计、施工、管理、运维全生命

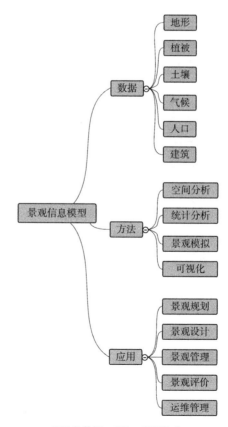

LIM 的数据、方法、应用构成

　　　　　　　　　　　5　基于数字技术的山地景观规划设计研究

周期的信息化数字化模型。LIM 的主要内容涉及模型数据、方法和应用等，数据是 LIM 的基础，包括地形、植被、土壤、气候、人口、建筑等多种地理空间数据；方法是 LIM 的核心，包括空间分析、统计分析、景观模拟、可视化等多种地理信息处理和分析方法；应用是 LIM 的目标，包括景观规划、景观设计、景观管理、景观评价、运维管理等多种应用。

5.2.2　LIM 的内涵

LIM 是一种跨学科的方法论，旨在整合和应用各种类型的数据和信息，以支持景观规划设计决策过程。LIM 的内涵涉及以下几个方面：

（1）数据整合与建模

LIM 整合不同来源和类型的数据，如地形、气候、土壤、植被、生物多样性、人类活动等，构建一个综合的景观信息模型。这些数据可以来自现场调查、遥感技术、数字地形模型等多种数据源。

（2）空间分析与模拟

LIM 利用 GIS 技术和空间分析方法，对景观数据进行处理和分析，建立模型来模拟景观特征、生态过程和人类活动的相互作用。通过模拟和预测，LIM 可以评估不同规划设计方案的效果和影响。

（3）跨学科合作

由于景观复杂性和多样性，单一学科方法往往无法全面解决问题。LIM 提供了一个跨学科的框架，将各种学科的知识和方法整合在一起，以更好地理解和解决景观规划设计问题。如 LIM 可以将 GIS 技术、BIM 技术与生态学、

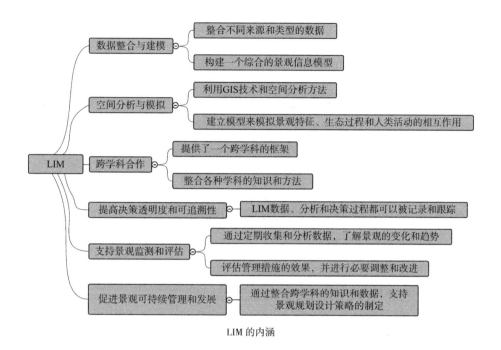

数据整合与建模 ── 整合不同来源和类型的数据

构建一个综合的景观信息模型

空间分析与模拟 ── 利用GIS技术和空间分析方法

建立模型来模拟景观特征、生态过程和人类活动的相互作用

LIM ── 跨学科合作 ── 提供了一个跨学科的框架

整合各种学科的知识和方法

提高决策透明度和可追溯性 ── LIM数据、分析和决策过程都可以被记录和跟踪

支持景观监测和评估 ── 通过定期收集和分析数据，了解景观的变化和趋势

评估管理措施的效果，并进行必要调整和改进

促进景观可持续管理和发展 ── 通过整合跨学科的知识和数据，支持景观规划设计策略的制定

LIM 的内涵

地理学等学科研究成果相结合。通过整合不同学科的数据和分析方法，全面地了解景观特征，从而指导规划设计决策。

（4）提高决策透明度和可追溯性

LIM 数据、分析和决策过程都可以被记录和跟踪，使决策依据和过程更加清晰和可靠。这对评估决策的合理性和可持续性非常重要，同时也减少了决策过程中的争议和纠纷。

（5）支持景观监测和评估

LIM 通过定期收集和分析数据，了解景观的变化和趋势，评估管理措施的效果，并进行必要调整和改进。

（6）促进景观可持续管理和发展

通过整合跨学科的知识和数据，LIM 可以支持景观规划设计策略的制定，持续影响建成环境景观保护与发展。

可见，LIM 是一种综合性的方法，通过整合和分析各种景观相关的数据和信息，以支持景观规划设计决策的制定。它旨在提供全面的视角和科学依据，实现景观的可持续发展和管理。LIM 通过整合和利用地理、地质、生态、气候等多种数据，实现对地表景观的全面、深入的模拟和分析，为各类决策提供科学依据和支持。作为一种新兴的地理信息科学技术，LIM 对于理解和解决诸多关键的环境问题具有重要意义。地理、地质、生态、气候等多学科的知识和技术是构建 LIM 的基础，深化这些学科的融合和交叉，将有助于构建更全面、更深入的 LIM 模型，也将有助于更好地理解和分析地表景观的复杂性和动态性。LIM 可应用于城市规划、景观规划、环境保护等领域，应用前景广泛。此外，大数据、云计算、人工智能等技术的不断发展，为 LIM 提供了新的数据源、新的计算平台、新的分析工具，利用这些新技术，可以提高 LIM 的数据处理能力、模型构建能力、分析评估能力，从而提升 LIM 的研究效率和应用效果。

5.2.3 山地 LIM 内涵

山地 LIM 的核心是基于不同的数字化平台将不同类型的数据和信息整合到一个统一的模型中，以支持规划设计决策，通过将多源数据整合到一个模型中，展现山地地形、气候、土壤、生物多样性、人类活动等多方面内容。通过整合跨学科的知识和先进的技术，联系研究和实践之间的鸿沟，提高山地景观规划设计过程的效率、有效性和可持续性。针对山地环境，LIM 可以在山地景观规划和设计的各个阶段使用，从数据收集和分析到情景评估和可视化。如 LIM 可以用于计算山地工程土方量、山地道路选线、评估潜在土地利用变化对生物多样性和生态系统服务的影响、评估不同保护和恢复策略的有效性等内容。

山地LIM的内涵

核心内涵	解决的问题
地形特征	高度、坡度、坡向等特征
植被分布	植被类型和密度
水文过程	降水、径流、土壤水分等
土壤特性	类型、质地、水分保持能力等
生物多样性	山地景观的生物多样性
土地利用	不同土地利用类型的分布情况
气候特征	温度、湿度、风向等气候因素
生态服务	水资源供应、土壤保持、碳储存、生物多样性保护等
风险评估	自然灾害和环境风险的评估
规划和管理	山地景观规划和管理

5.2.4 基于LIM的山地景观规划设计逻辑与方法

山地 LIM 提供了一种系统的方法来获取和整合山地景观的关键要素信息。通过对地形特征、植被分布、水文过程、土壤特性、生物多样性、土地利用、气候特征等要素的描述和分析，为景观规划设计提供全面而准确的基础数据。这些数据可以识别山地景观的特点、理解其生态功能和脆弱性，并为规划设计提供科学依据。首先，山地 LIM 支持景观规划设计的决策。相关研究表明，山地 LIM 可以通过模拟和分析不同规划设计方案，评估规划设计在地形、植被、水文等要素上的效果，从而制定合理的设计策略和管理措施。其次，山地 LIM 为景观规划设计提供生态服务评估

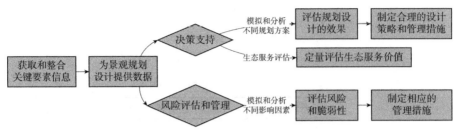

LIM 的山地景观规划设计逻辑与方法

的支持，如水资源供应、土壤保持、碳储存和生物多样性保护等。通过山地 LIM，可以对生态服务价值进行定量评估，为规划设计者提供决策依据。此外，山地 LIM 还可以为山地景观的风险评估和管理提供支持。山地景观面临着各种自然灾害和环境风险，如山体滑坡、洪水、干旱等。通过山地 LIM，可以模拟和分析不同因素对山地景观的影响，评估其潜在的风险和脆弱性，并制定相应的管理措施。

5.2.4.1　山地 LIM 的技术平台

（1）地理信息系统（GIS）平台

GIS 平台是山地 LIM 的核心工具，用于存储、管理和分析地理空间数据。它允许用户将不同类型的地理数据，如地形、土壤、植被和水资源等，进行整合和分析。常用的 GIS 软件包括 ArcGIS、QGIS 和 MapInfo 等。

（2）建筑信息模型（BIM）平台

BIM 平台可以用于创建建筑和基础设施项目的三维模型，并将其与其他相关信息（如材料、尺寸、构造、设备等）进行集成。在山地景观规划和设计中，BIM 可以帮助设计师可视化建筑物、道路、桥梁等基础设施的布局和形状，从而更好地理解其对山地景观的影响。

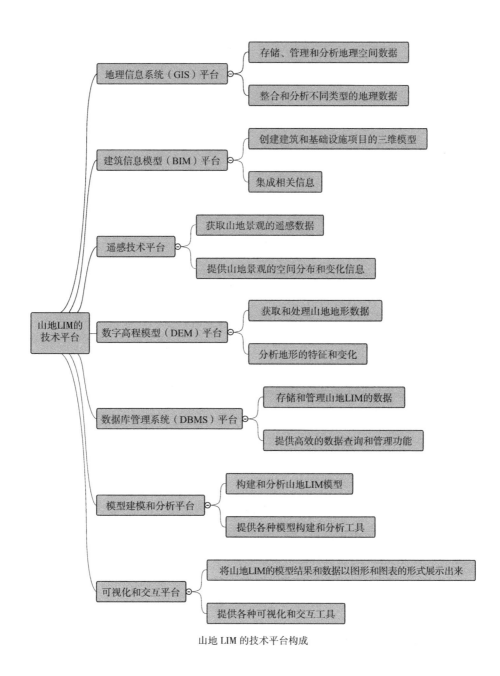

山地 LIM 的技术平台构成

　　　　　　　　　　　　　　　　5　基于数字技术的山地景观规划设计研究

（3）遥感技术平台

遥感技术平台用于获取山地景观的遥感数据，如卫星影像和航空摄影图像等。这些数据可以提供山地景观的空间分布和变化信息，用于构建山地 LIM 模型。常用的遥感软件包括 ENVI、ERDAS 和 RemoteView 等。

（4）数字高程模型（DEM）平台

DEM 平台用于获取和处理山地地形数据。DEM 是描述地表高程的数字模型，可以用于分析地形的特征和变化。常用的 DEM 软件包括 ArcGIS、GRASS 和 SAGA 等。

（5）数据库管理系统（DBMS）平台

DBMS 平台用于存储和管理山地 LIM 的数据。它可以提供高效的数据查询和管理功能，使得用户可以方便地访问和更新数据。常用的 DBMS 软件包括 MySQL、Oracle 和 SQL Server 等。

（6）模型建模和分析平台

模型建模和分析平台用于构建和分析山地 LIM 模型。它可以提供各种模型构建和分析工具，如统计分析、空间插值和模拟模型等。常用的模型建模和分析软件包括 R、Python 和 MATLAB 等。

（7）可视化和交互平台

可视化和交互平台用于将山地 LIM 的模型结果和数据以图形和图表的形式展示出来，使用户可以直观地理解和交流结果。它可以提供各种可视化和交互工具，如图形用户界面（GUI）、虚拟现实（VR）和增强现实（AR）等。常用的可视化和交互软件包括 ArcGIS、Tableau 和 Unity 等。

5.2.4.2　山地 LIM 的基本要素和数据源

山地 LIM 的基本要素包括地形、土壤、植被和水资源

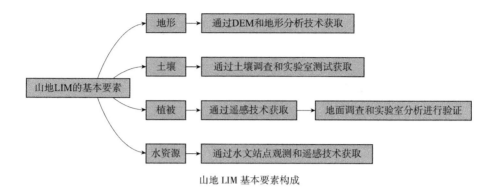

山地 LIM 基本要素构成

等。地形是山地景观的基础，它影响水文过程、土壤发育和植被分布等。地形数据可以通过 DEM 和地形分析技术获取。土壤是山地景观的重要组成部分，影响水分和养分的循环和储存。土壤数据可以通过土壤调查和实验室测试获取。植被是山地景观的重要元素，它对土壤保持、生物多样性和碳循环等起着重要作用。植被数据可以通过遥感技术获取，并结合地面调查和实验室分析进行验证。水资源是山地景观的重要组成部分，对生态系统和人类社会具有重要意义。水资源数据可以通过水文站点观测和遥感技术获取。

5.2.4.3 山地 LIM 的模型建立和参数设定

山地 LIM 的模型建立需要考虑空间和时间的尺度问题。山地景观的特点和要素之间存在空间和时间上的变化和相互作用。因此，需要选择合适的空间和时间尺度，并根据具体的研究区域和目标进行参数设定。模型的建立还需要考虑不同要素之间的权重和优先级，以更好地反映山地景观的特点和功能。这需要借助统计分析和专家知识，进行模型参数的评估和优化，并考虑环境要素间的交互作用，最后进行模型验证。

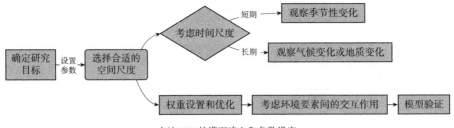

山地 LIM 的模型建立和参数设定

5.2.4.4 山地 LIM 的应用和决策支持

山地 LIM 可以应用于山地景观的规划和管理，从而实现可持续的发展。首先，山地 LIM 可以用于分析和评估不同规划方案对山地景观的影响。通过模拟不同规划方案的结果，可以评估其对生态系统功能和社会经济发展的贡献，并权衡不同规划方案的利弊。其次，山地 LIM 可以用于评估山地景观的生态服务。山地景观提供了许多重要的生态服务。通过山地 LIM，可以模拟和评估这些生态服务的数量和质量，并为决策者提供相关的信息和数据。此外，山地 LIM 还可以用于评估山地景观的风险和脆弱性。山地景观面临着各种自然灾害和环境风险，如山体滑坡、洪水和干旱等。通过山地 LIM，可以模拟和分析这些风险的潜在影响，并为决策者提供相应的应对措施和管理策略。

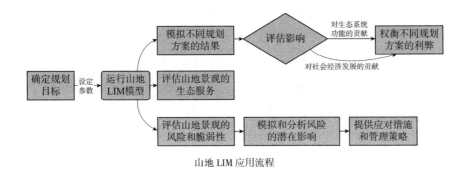

山地 LIM 应用流程

LIM针对与解决的问题

序号	针对的问题	解决的问题
1	城市地形、生态环境、气候条件的三维展示和动态模拟	城市景观分析和评估系统
2	自然资源分布和动态变化的分析	自然资源分布分析和评估系统
3	LIM 数据处理和模型构建	云计算的 LIM 数据处理平台和新的 LIM 模型构建方法
4	城市发展预测	城市发展预测，为城市规划提供了决策支持
5	自然资源管理	自然资源管理，为自然资源利用和保护提供了科学依据
6	气候变化影响评估	评估气候变化的影响，为气候适应策略提供了决策支持
7	生态系统服务评估	分析生态系统服务，为生态保护和资源管理提供了科学依据
8	土壤侵蚀分析	土壤侵蚀模拟和分析，提供了有效的土壤保护方案
9	城市绿地规划	城市绿地规划，提供了更优化的城市绿地规划方案
10	灾害风险评估	灾害风险评估，对灾害进行预警
11	城市空气质量评估	空气质量评估，为环境保护提供决策支持
12	海平面上升影响评估	评估海平面上升对城市的影响
13	森林管理	森林资源管理，提供了有效的森林保护

5.2.5　GIS+BIM 协同的景观信息模型研究概况

　　山地景观涉及丰富的地理空间环境变化，在处理山地景观规划问题时，GIS 是主要的参数化分析平台，它源于1963 年加拿大的 CGIS，当时应用于土地清点及土地信息管理[195]，直到 1987 年，集成地理区域现在与过去空间特征、空间分布与交互规律的 GIS 才正式问世[196]。凭借其空间数据存储、查看、分析能力，以及整合数字化地图、航空摄影测量、遥感等空间数据信息的特性[197]，GIS 广泛应用于规划设计研究，并在景观信息集成与模型构建方面显现出卓越的性能。为实现 GIS 数据与其他设计平台协同设计，GIS 提供了多种数据格式（DWG、SHP、GML 等）转换，促进了 GIS 在规划设计中的拓展与延伸。在众多 GIS 交互设计平台中，BIM 凭借其信息集成与模型构建、智能设计、软件互操作性和信息交互[198]的卓越性能，逐步取代 CAD 成为参数化设计主流技术平台，并在建筑、市政、城市规划、电力、水利等行业得到广泛的认可与应用。研究证实[199]，GIS 与 BIM 信息集成与共享可简化和加快规划设计进程并实现参数化设计的规划过程，2007 年多尔纳（Dollner）等[200]通过

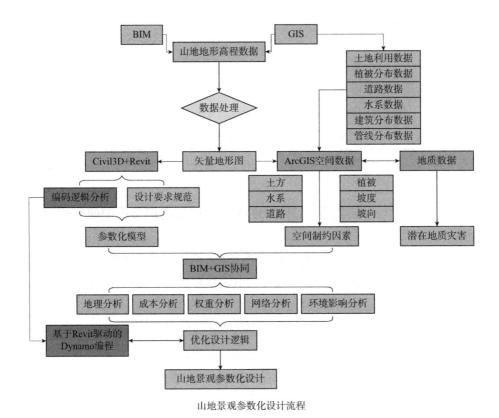

山地景观参数化设计流程

BIM、GIS 信息集成构建了基于 CityGML 数据标准的城市信息模型，这是有关 GIS+BIM 较早的应用研究。随着 BIM、GIS 信息集成与交互技术的发展，GIS+BIM 协同正在迅速影响建筑、城市规划[201]、市政[202] 等行业。

目前，GIS+BIM 协同处理规划设计研究仍处于探索阶段，相关研究主要集中在智慧城市建设、智慧工地管理、数据交互与共享技术研究等方面。交互技术决定了 GIS+BIM 协同应用的深度与广度。翟晓卉[203] 等探索 BIM 和 GIS 空间和语义数据的提取、处理和转换方法，实现 BIM、GIS 信息在几何、语义、精度上的融合；汤圣君[204] 等提出基于 IFC 到 CityGML 的语义映射规则，并通过建筑轮廓与室内空间信息提取实例进行了方法验证；胡瑛婷[205] 等通过语义修正并利用"实体—关系—实体"几何重构实现了实体从 BIM 平台到 GIS 的转换。基于信息交互技术的研究，实现了 GIS+BIM 协同的实践应用。在智慧城市建设实践研究中，吴红波等[206] 应用 GIS+BIM 协同构建基于"框架 + 插件"开发技术，实现城市建筑信息的定位导航、统计查询、量算、规划分析等

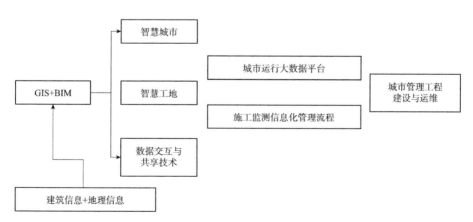

GIS+BIM 协同应用

　　　　　　　　　　　　5　基于数字技术的山地景观规划设计研究

功能，显著提升了城市管理的智能化水平；彭雷[207]通过开发 GIS+BIM 信息集成的原型系统，实现地形、影像、BIM 模型自动融合方法，为城市规划提供了可视化的决策管理平台；张芙蓉[208]等应用 BIM+GIS 数据融合构建 CityGML 数据，开发了城市工程项目智慧管理系统，从而简化管理流程，提升了工作效率；徐旻洋[92]提出基于 BIM+GIS 基础数据架构的城市运行大数据平台，实现了城市尺度的动态管理，促进了城市智能化管理水平；王玲莉[209]等探索在 GIS 系统中加载 BIM 信息的方法，实现了基于信息模型集成的城市建筑规划路径提高了城市建筑规划的质量与效率。以上研究说明，基于 GIS+BIM 的城市建筑规划、地理和建筑信息集成与管理、城市三维可视化技术为城市规划与管理提供了数字化、智能化分析与决策的平台。在工程管理方面，GIS+BIM 协同也展现出诸多优越性。秦利[210]等应用 BIM+GIS 协同完成了施工进度、质量、成本的三维数字化管理，实现施工过程由 3D-BIM 到 5D-BIM 的跨越；羊权荣[211]等为解决城市交通施工监测数据孤立、信息反馈与处理不及时等问题，应用 GIS+BIM 方式提出一种施工监测信息化管理流程，实现了工程信息的录入、存储、处理、三维展示功能，显著提高了现场施工管理效率和安全质量水平。综上所述，基于数据交互技术的 GIS+BIM 协同应用，通过 GIS、BIM 信息互联互补实现以地理空间环境为背景的城市规划与管理、工程建设与运维数字化、智能化途径。有关 GIS+BIM 协同处理景观规划设计的研究鲜见报道，相关研究分别集中在 GIS 景观地理环境分析与评价[212-213]或 BIM 工程设计研究[214-215]，通过 GIS 模型实现了空间模拟与庞杂信息集成的问题，并通过地理环境数据权重与分析实现景观科学规划与设计控制；借助 BIM 模型完成了建筑、道路、场地等对象的精细与精准化参数化设计，并通过参数关联实现了方案的即时反馈与优化更新。以上研究说明，GIS、BIM 在处理景观规划设计问题时，显现出各自卓越的模型构建与参数化设计能力，GIS执行对复杂地理信息与自然环境的参数化分析与评估，BIM负责在整个生命周期内对设计对象的参数化建模与管理。现阶段，实现 GIS、BIM 信息共享并服务于景观规划设计首先需要解决数据交互问题，这是实现 GIS+BIM 协同处理景观规划设计问题的关键。本章以山地风景环境道路规划设计为例，借鉴 GIS、BIM 技术在规划设计研究领域的成果，探索GIS+BIM 的数据传递与交互路径，通过 GIS 与 BIM 信息互联互补，构建 GIS+BIM 信息集成与共享的景观信息模型，实现对景观规划从外部空间环境到内部结构的精细与精准化设计，研究成果为景观规划设计、建设、管理、决策提供新的思路与方法。

GIS 和 BIM 协同可以提高数据精度，通过使用 BIM 的三维模型和属性信息，GIS 可以进行更准确的地理空间分析。GIS 的主要优势在于其能够处理和分析地理空间数据，而BIM 以其三维建筑模型和丰富的属性信息在建筑和工程领域得到了广泛的应用。将 GIS 与 BIM 协同，可以实现更高效的景观信息管理和准确的地理空间分析，利用地理空间数据来分析和解决地理问题，而 BIM 利用三维模型和丰富的属性信息来支持设计、施工和运营管理。同时，GIS 和 BIM 数据集成是协同应用的基础。GIS 数据主要表示地理空间的位置和属性，而 BIM 数据主要包括建筑的三维模型和相关的属性信息。将 GIS 数据和 BIM 数据集成在一起，可以提供更全面和精确的信息，支持更复杂和精细的分析和决策。具体研究涉及以下两个方面：第一，数据格式的转换。GIS 和 BIM 使用的数据格式不一致，GIS 主要使用基于地理空间的数据格式，例如 Shapefile、GeoJSON 或者 GML，而 BIM 主要使用基于建筑模型的数据格式。因此，数据格式的转换是数据集成的第一步。第二，数据的集成方法。数据的集成需要考虑 GIS 和 BIM 的数据特性和应用需求。一方面，需要开发新的数据模型和算法，以支持 GIS 数据和 BIM 数据的集成和处理。另一方面，需要考虑数据的语义一致性，即不同系统中相同概念的数据的一致性。综上所述，GIS 和 BIM 的数据集成是一个复杂且具有挑战性的问题，需要综合考虑数据格式、数据质量、数据集成方法和数据更新等多个因素。

5.3 基于 LIM 的山地景观规划设计实验研究

5.3.1 研究方法

5.3.1.1 实验设计

实验以重庆神女湖山地场地和道路设计为研究对象，探讨 BIM 平台中地形参数化交互设计技术方法。借助 Global Mapper、Civil 3D 和 InfraWorks 完成二维地形图和三维地形模型可视化交互设计，探索基于 LIM 概念的山地地形参数化交互设计技术路径。

5.3.1.2 实验数据

实验数据来自 BigeMap 数据下载，坐标系为北京 54 高斯投影坐标，数据为地面数字高程。采集时间为 2009 年，分辨率 12.5m。区位为重庆市永川区神女湖山地风景区。

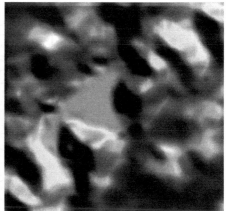

山地地形源数据

5.3.1.3　技术路线

　　研究技术路线分为三部分：第一，基于 Civil 3D 和 InfraWorks 的数据可视化地形分析；第二，基于 InfraWorks 的可视化地形概念设计；第三，基于 Civil 3D 的二维地形精细化设计。通过地形分析与设计编辑路线设计，构建基于数据分析与设计编辑的 LIM 模型，实现对山地地形精细、精准的设计控制。

5.3.2　基于 InfraWorks-Civil 3D 的地形可视化分析与设计

　　在 Civil 3D 创建地形曲面，将地形曲面文件（LandXML）导入 InfraWorks 得到地形模型，将 Raster Tools 插件地理配准的卫星图像加载在地形曲面模型上，得到可视化原始地形影像模型，其反映出植物、山体、水体等地表主要景观要素和地形特征；此外，通过查询参数获得模

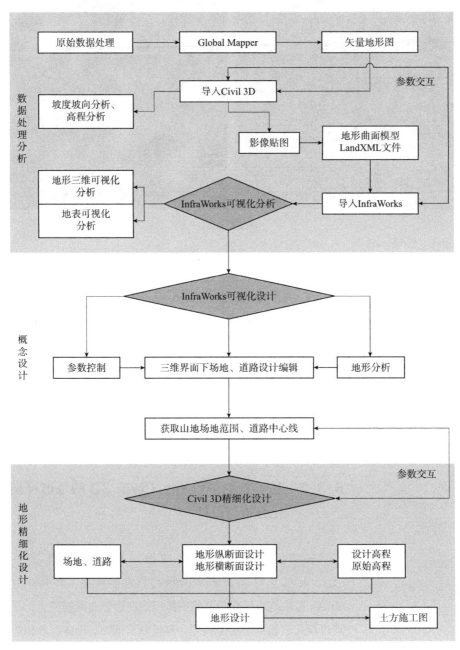

数据处理分析

原始数据处理 → Global Mapper → 矢量地形图

参数交互

导入Civil 3D

坡度坡向分析、高程分析

影像贴图 → 地形曲面模型LandXML文件

地形三维可视化分析

地表可视化分析

InfraWorks可视化分析 ← 导入InfraWorks

概念设计

InfraWorks可视化设计

参数控制 → 三维界面下场地、道路设计编辑 ← 地形分析

获取山地场地范围、道路中心线

地形精细化设计

参数交互

Civil 3D精细化设计

场地、道路 → 地形纵断面设计 地形横断面设计 ← 设计高程 原始高程

地形设计 → 土方施工图

技术路线

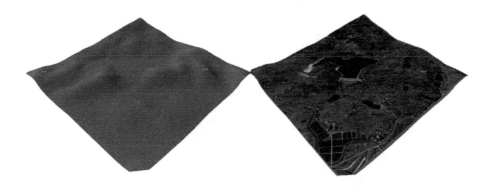

可视化山地模型

型地形高程变化介于 315~495m、坡度介于 0~43°。通过 Civil 3D 与 InfraWorks 信息交流实现了矢量二维地形图向三维实景模型的切换，为地形可视化设计奠定基础。

5.3.2.1 设计分析

在进行山地道路与场地设计时，在 InfraWorks 地形模型分析图所示范围内拟定以下设计任务。①地形 1 内设计观景台地广场，设计总面积 11000m²；②地形 4 处设计大型广场，为整个景区主要出入口，广场连通观湖道路，设计面积 14500m²；③沿图中红色区域水岸线设计闭合观湖道路，路宽 6m；④场地与道路相关竖向设计参数通过实验分析与计算获得。

依据地形高程变化特征，用红、黄、蓝、绿颜色区分 4 类地形。地形 1 所在蓝色区域是高程为 335~495m 的山坡地带，其坡度为 25°~43°，其中陡坡地形占据了主要区域；局部范围 1 为相对缓坡地带，其坡度为 9.9°~25°，选定在该区域做台地广场，可降低后期工程土方量，同时减少对原始地形的破坏。红色的水域是水面高程为 335m 的水

5 基于数字技术的山地景观规划设计研究

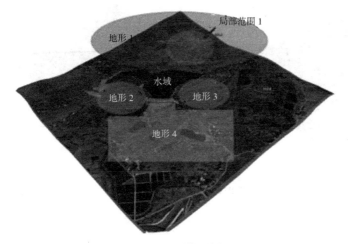

局部范围 1

地形 1

水域

地形 2   地形 3

地形 4

InfraWorks 地形模型分析

域，绿色的地形 2、3 是高程为 335~360m 的山体，黄色的地形 4 是高程为 313~330m 的平坦地形，红色水域被地形 1、2、3 围合，其高程均高于地形 4，相对地形 4 形成地上湖面。依据设计任务，在地形 4 区域内设计广场作为整个景区的主要出入口，为有效围堰湖水，地形 4 的设计高程要大于335m。为满足围堰湖水并有效减少工程土方量的设计需要，在地形 4 区域范围内，初步设计一个高程为 340m 的小场地和一个能够进行公共活动的、高程为 330m 的大场地，两者组成一个台地广场。

5.3.2.2　地形初步设计

依据设计任务与设计分析，使用 InfraWorks 对地形模型进行初步设计，利用"放坡区域"工具创建地形，其高程和面积可进行参数设置与调整。在此实验过程中依据设计任务设置其数值，并在三维模型中得到地形编辑成果。利用"规划道路"工具，沿着湖岸线设计一条规划道路，设定具

基于地形地貌的设计编辑

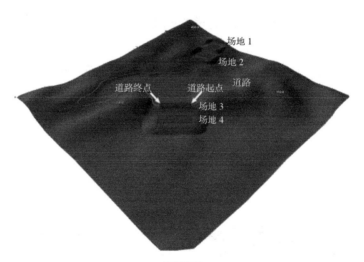

地形编辑

场地与道路初步设计相关参数

参数	场地1	场地2	场地3	场地4	道路起点	道路终点
高程 /m	400	380	340	330	340	340
面积 /m²	5000	6000	5500	9000	—	—

体道路与场地地形竖向参数，并将以上场地与道路初步设计成果保存为 imx 格式。

1 此研究成果已发表，见：崔星，娄娴，张媛媛，等. 基于风景园林信息模型（LIM）的山地景观地形参数化设计实验研究——以 Civil 3D 和 Infra Works 交互设计为例 [J]. 中国园林，2022，38（9）：57-62.

5.3.3　InfraWorks 与 Civil 3D 信息交互 [1]

在 Civil 3D 中打开地形初步设计成果（InfraWorks 导出的 imx 格式文件）得到地形曲面，它反映与 InfraWorks 地形模型完全匹配的地形初步设计。由于基于 InfraWorks 的初步设计是地形的概念设计，只对场地高程和面积进行了参数限制，未能完全获取地形设计相关参数，例如"放坡组"缺失，无法获取场地土方体积、放坡坡度等参数。因此，删除道路、场地相关曲面，只保留道路中心线、场地地形轮廓，通过 Civil 3D "高程编辑器"发现，高程、面积信息完全匹配 InfraWorks 设计参数，这是初步设计的最终成果，它精确反映了基于可视化分析与设计的场地、道路在 Civil 3D 曲面中的地理空间信息。由于地形设计未对场地进行放坡、曲面粘贴和土方计算等地形精

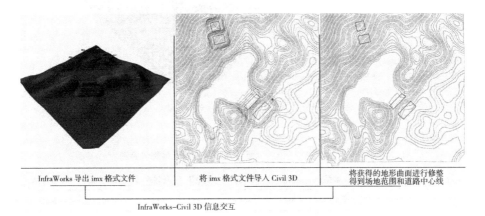

InfraWorks 导出 imx 格式文件　　将 imx 格式文件导入 Civil 3D　　将获得的地形曲面进行修整得到场地范围和道路中心线

InfraWorks-Civil 3D 信息交互

InfraWorks-Civil 3D 信息交互

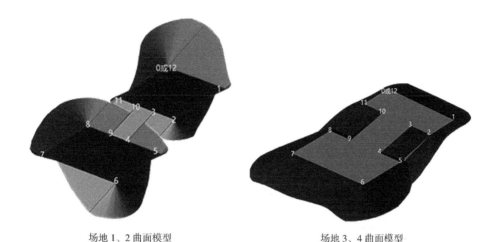

场地 1、2 曲面模型   场地 3、4 曲面模型

细化设计。以此作为基础地形图，在 Civil 3D 中进行场地、道路精细化二维设计，至此完成 InfraWorks 与 Civil 3D 信息交互。

5.3.4　场地参数化设计

对场地 1、2 和场地 3、4 分别进行坡度为 2 : 1、4 : 1 放坡处理，得到"放坡组"，并创建场地曲面，通过 Civil 3D"对象查看器"获得场地曲面模型，场地 1、2 曲面模型中绿色显示为填方区域，红色显示为挖方区域，场地 1、2 和场地 3、4 分别有 12 测站点，站点所对应的高程参数如场地高程参数表中高程 1 所示。同时，通过放坡处理，设计坡面 1、2 分别连接场地 1、2 和场地 3、4，场地依据坡度参数精准与曲面表面进行连接，并得到放坡后的场地模型空间特征和填挖方区域。为有效降低建设成本，实现工程节能减排，土方就地平衡是理想状态下的处理方法，应用 Civil 3D 就地平衡方法，得到地形设计。比对平衡前后地形

　　　　　　　　　　　　5　基于数字技术的山地景观规划设计研究

场地高程参数

场地	站号	测站	高程1/m	高程2/m	测站	高程1/m	高程2/m
场地1	0	0+0.000	400	394.9	0+0.000	340	334.9
	1	0+140.78	400	394.9	0+068.83	340	334.9
	2	0+179.99	400	394.9	0+141.36	340	334.9
	3	0+230.86	400	394.9	0+165.76	340	334.9
	10	0+715.78	400	394.9	0+538.80	340	334.9
	11	0+766.64	400	394.9	0+563.20	340	334.9
	12	0+807.16	400	394.9	0+635.08	340	334.9
场地2	4	0+285.22	380	374.9	0+206.30	330	324.9
	5	0+337.35	380	374.9	0+247.00	330	324.9
	6	0+398.54	380	374.9	0+314.04	330	324.9
	7	0+545.26	380	374.9	0+402.97	330	324.9
	8	0+607.04	380	374.9	0+470.45	330	324.9
	9	0+661.08	380	374.9	0+498.31	330	324.9

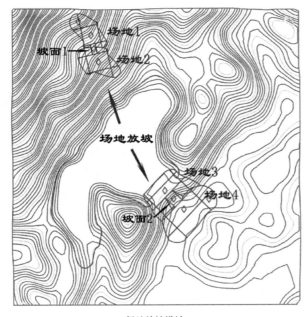

场地放坡设计

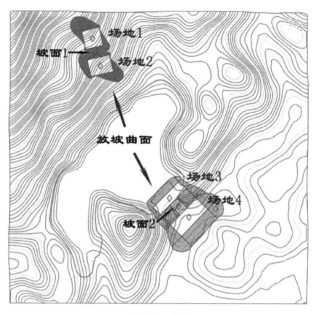

场地曲面创建

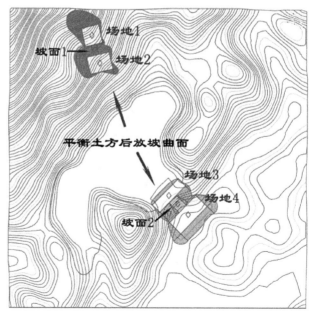

场地土方就地平衡

5 基于数字技术的山地景观规划设计研究

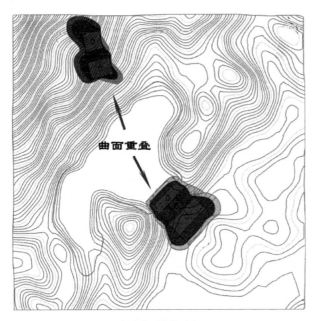

场地曲面重叠对比

道路中心线

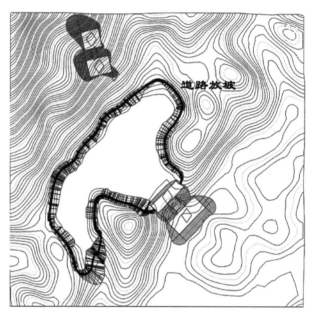

道路放坡

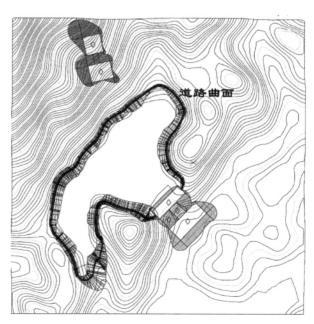

道路曲面

5 基于数字技术的山地景观规划设计研究

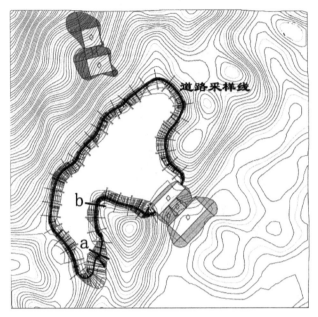

道路采样线示意

设计，二者差异显著，场地 1、2 明显向西北方向上移，场地 3、4 填方区域面积明显缩小，通过"高程编辑器"查看测站点，其高程值发生了显著变化，如场地高程参数表中高程 2 所示。

5.3.5 道路参数化设计

5.3.5.1 道路纵断面设计

依据道路中心线对沿湖道路进行参数化设计。首先对道路纵断面进行设计，该道路起点从 0+100 桩号处开始至 2+100 处结束，总长 2063.9m，红色曲线表示道路所经之处原始地面高程变化特征，黑色曲线代表了道路设计高程变化特征，即设计纵断面。对比两条曲线发现，在整个道路设计中除桩号 1+400 至 1+700 有明显高程变化外，设计纵断面基本匹配原始地形竖向变化特征，且道路设计中心线高程控制在约 340m，降低了道路工程土方量，减少了对原始地形地貌的破坏。依据场地 3 高程 2 参数控制，在道路的起点和终点设计高程值为 334.9m，实现道路与场地 3 等高程对接。通过生成道路纵断面和纵断面图设计获取了道路原始高程和设计高程，便于设计者依据原始地形进行道路高程参数调整与设计，其中纵断面图高程值调整与道路信息模型形成联动。

5.3.5.2 道路模型拟合

基于道路纵断面设计和道路装配设计最终拟合形成道路放坡模型，其中分别显示出挖方区域和填方区域。为获得和调整道路横断面参数信息，需要在道路曲面加载采样线，横断面准确匹配了道路装配参数设计，通过横断面参数调整约束道路设计。通过以上参数化设计可及时获取道路设计反馈，为合理评估道路设计方案、工程造价、工程管理运营提供数据支撑。

通过场地与道路参数化设计，分别得到道路和场地曲面地形，其曲面信息中包含体积、高程、面积、放坡等参数，并得到道路和场地土方施工图。其方格网中可以获得每个角点所对应设计高程、原始高程及其高程差同时获得每个方格

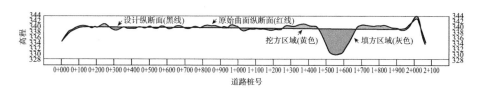

道路纵断面设计

　　　　　　　　　5　基于数字技术的山地景观规划设计研究

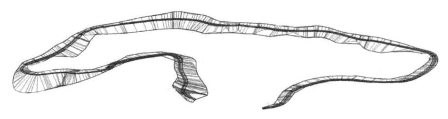

道路放坡及曲面模型

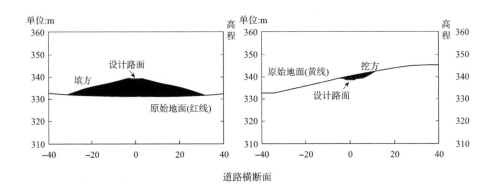

道路横断面

对应的土方填挖方量、占地面积等关键竖向设计信息，这些
参数信息的获得更加具体地描述了山地地形竖向特征，展示
了山地地形竖向设计的核心成果，代表了山地地形精细化设
计成果。依据参数信息，借助 SketchUp 对场地 1、2、3、
4 建模，并将模型加载到 InfraWorks 地形模型中，得到工
程设计效果图。

通过以上实验完成了 InfraWorks 三维可视化设计和
Civil 3D 二维精细化交互设计的山地地形规划实验，构建了
基于 LIM 的山地地形参数化交互设计技术路径。

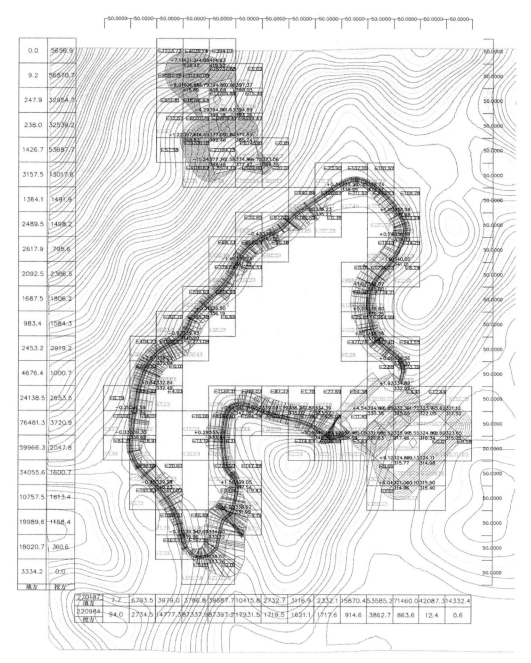

山地场地、道路土方施工图

5 基于数字技术的山地景观规划设计研究

山地工程设计效果图

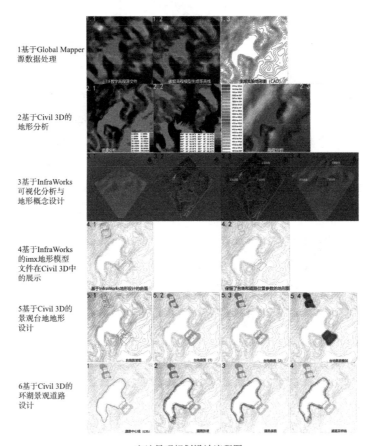

1基于Global Mapper
源数据处理

2基于Civil 3D的
地形分析

3基于InfraWorks
可视化分析与
地形概念设计

4基于InfraWorks
的imx地形模型
文件在Civil 3D中
的展示

5基于Civil 3D的
景观台地地形
设计

6基于Civil 3D的
环湖景观道路
设计

山地景观规划设计流程图

5.4 基于 GIS+BIM 的山地景观规划设计实验研究

5.4.1 研究方法

5.4.1.1 实验设计

实验设计分为 3 个部分：①山地风景环境道路节点设计与选线；② GIS–BIM 数据交互分析；③基于 GIS 选线数据的 BIM 模型构建。

5.4.1.2 实验概况

实验区域位于重庆市永川区神女湖山地风景区，数据来自 BigeMap 下载，坐标系为北京 54 高斯投影坐标，数据采集时间 2009 年，分辨率 12.5m。神女湖景区是典型的山地风景区，其海拔为 312.7~549.9m，范围内包含山地、湖泊、平地等丰富的地形地貌，通过神女湖风景环境道路设计实验示例为相似山地复杂地貌提供 GIS+BIM 协同应用的景观参数化设计方法，有效解决山地曲面变化导致地形设计中三维设计与二维设计匹配度差、地形曲面要素设计精度降低等问题。

5.4.2 结果与分析

5.4.2.1 GIS 山地风景环境道路选线

根据袁旸洋等研究 [216]，本实验中涉及的道路可定义为"风景环境道路"，关于风景环境道路选线的研究主要集中在 GIS 和 Rhino+Grasshopper[52] 的参数化选线。GIS 选线是基于逻辑运算的自动化过程，其受地形、地质、水文、土地利用、交通等多因子影响。袁旸洋在研究区域内设置多个道路的起点、终点、控制点，并通过"1+N"多点多次选线方法，完成风景区内多条道路的选线，最终形成覆盖全区域内的选线路网，通过路网构建道路模型实现区域内道路规划。同时，在汤国安[217]的路径选线实验中，通过设定目标点位置（源点、终点），通过运算形成一条路径选线。以上两种方法是 GIS 风景环境道路选线设计的代表性方法，都是基于影响因子权重叠加的选线过程，核心差异并不完全体现在路网模型和单条道路选线模型上。本实验中，采用汤国安单条选线方法通过多次重复与路径叠加可以实现袁旸洋路网模型。比较两种选线途径，其底层逻辑相同，汤国安选线方法广泛地应用在地理相关研究领域，袁旸洋将类似的选线方法进行了创新研究和应用，通过"1+N"多点多次选线方法，一次性实现多点选线的设计过程。

本实验应用汤国安选线方法进行选线实验。实验区域内重要的景观节点位置、景区出入口位置等都可以成为选线考量的重要节点。实验区域内设置了多个选线节点，其位置有如下两种设计。①在原始地形上任选 3 对路线始末位置点，分别为 AB、CD、EF。AB、CD、EF 连线所过之处均有代表性的山地起伏地形；②以 A 点为起始点，任选 3 个终点位置 X、Y、B，进行连接，其终点位置代表了山地地形中平缓位置（B 点）、局部山顶位置（X 点）、山坡位置（Y点）。依据汤国安最佳路径计算方法，通过 GIS 计算共得到了 AB、CD、EF、AX、AY 5 条选线。地形栅格计算图中，蓝色深浅代表了基于高程和坡度因子在地形图上的权重反映，颜色变深说明坡度和高程值同向变大，颜色变浅意味着两者同向变小或反向变化。其中，反向变化位置集中山顶区域，如 AB-CD-EF 地形栅格计算及选线分布图中 P 位置所示浅色区域，其坡度值与高程值呈现反向变化。可以看到，选线 AB、CD、EF 均计算选择了坡度和高程同向减小的浅色区域，在地形起伏变化的空间范围内，通过栅格计算合理规避了坡度、高程因子对道路选线的不利影响，计算并规划出基于高程、坡度因子影响下道路选线结果。A-XYB 选线模型中，由 A 点为起始位置，以 B、X、Y 为终点的道路选线结果，通过栅格计算，3 条选线均规避了高程、坡度因子对选线的不利影响，选线所过之处均为颜色较浅范围。此外，汤国安的选线方法是单条路线的选线结果，通过多次叠加后仍然可以形成路网结构。

5.4.2.2 选线设计分析 [1]

影响因子权重值是选线设计的关键数据，一条道路的选线受到多个因子的共同制约，如坡度、高程、起伏度、植被、土地利用等，合理选择因子权重直接影响选线结果。常见的确定选线因子权重的方法有经验法、层次分析法、调差统计法、专家打分法等，其中层次分析法（Analytic Hierarchy Process，AHP）是美国运筹学专家萨蒂于20世纪 70 年代提出的一种层次权重决策分析方法，这种方法基于专家意见与分析者判权重因子，其底层逻辑仍然基于人为判断。以上实验方法说明，虽然 GIS 选线结果是基于数学运算的自动过程，但在因子权重设定环节上，主观因素仍影响了 GIS 选线的核心过程。

汤国安在 GIS 选线实验中对因子权重采用经验法处理，而本实验在其基础上跳出权重经验数值的束缚，探究 0~1 范围内尽可能多的权重值，并对不同权重下产生的选线进行分析对比，讨论选线与因子权重的关系。本实验中 5 条选

1 此研究成果已发表，见：崔星，杜春兰. 基于 GIS+BIM 信息协同的景观参数化设计研究——以山地风景环境道路规划设计实验为例 [J]. 中国园林，2023，39（6）：39-45.

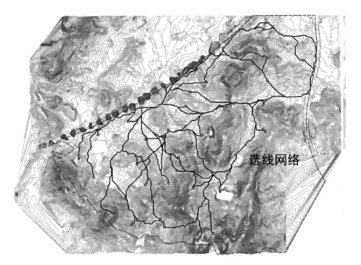

"1+N"多点选线法 [1]

源点—终点选线法 [2]

1 袁旸洋, 成玉宁. 参数化风景环境道路选线研究 [J]. 中国园林, 2015, 31 (7): 36-40.

2 汤国安, 杨昕, 等. 地理信息系统空间分析实验教程 [M]. 北京: 科学出版社, 2018: 328-333.

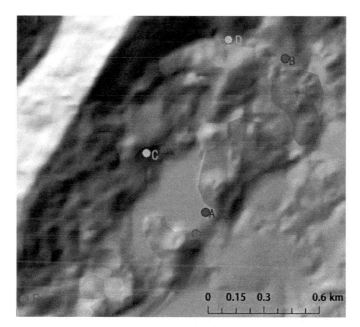

A、B、C、D 节点位置

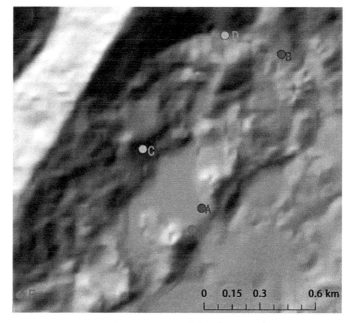

A、B、C、D 节点连线

5 基于数字技术的山地景观规划设计研究

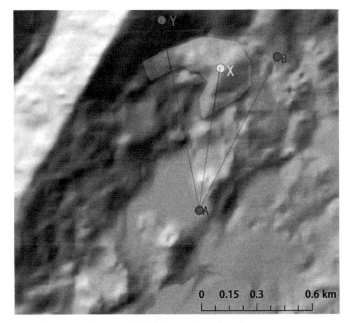

A、B、X、Y节点位置

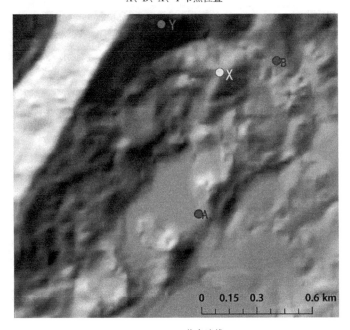

A、B、X、Y节点连线

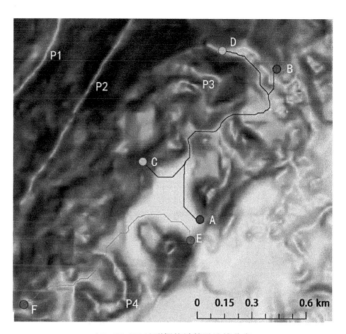

AB–CD–EF 地形栅格计算及选线分布

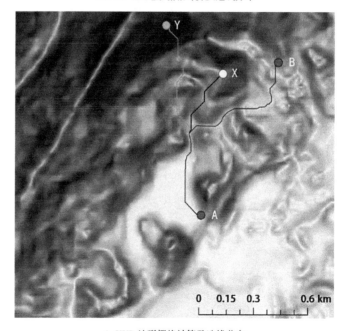

A–XYB 地形栅格计算及选线分布

　　　　　　　　　　　　5　基于数字技术的山地景观规划设计研究

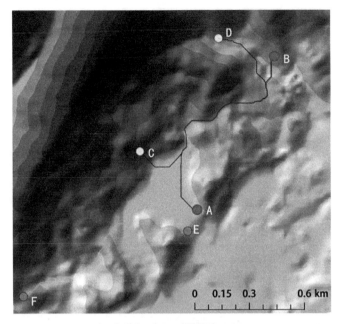

AB–CD–EF 选线模型

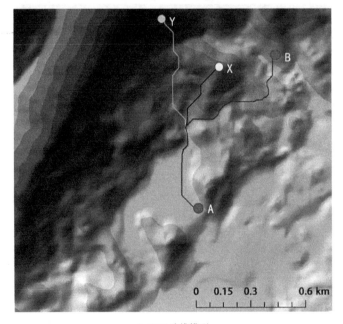

A–XYB 选线模型

线路径都是基于高程 0.5+ 坡度 0.5 的权重进行的栅格计算，这种权重值分配只代表了权重方案中的一种经验可能，以选线 AB 为对象进行 9 组权重数据比较，这 9 组数据代表了 AB 间"高程 + 坡度"因子权重影响下选线分布情况，最终得到与之对应的 9 条栅格路径。实验发现，有 4 条栅格路径集中在 AB 右侧，权重分别是 0.6+0.4、0.7+0.3、0.8+0.2、0.9+0.1，有 5 条栅格路径集中在 AB 左侧，它们的权重分别是：0.2+0.8、0.5+0.5、0.4+0.6、0.3+0.7、0.1+0.9，当高程权重小于等于 0.5 时，路径差异不明显，选线几乎全部重叠在一起。这说明，相同因子、不同权重值可以产生差异不显著的选线（权重不同但选线相似），权重值与选线路径并不一定构成——对应的关系。通过高程分析，A、B 两点位于高程为 348m 的平面范围内，当高程权重大于坡度权重时，选线集中在高程为 329~348m 的地段范围内，当高程

GIS路径权重计算—栅格路径分布规律

序号	高程权重	坡度权重	AB左侧	AB右侧	路径颜色	路径叠加
1	0.1	0.9	√		褐色	
2	0.2	0.8	√		黄色	
3	0.3	0.7	√		绿色	
4	0.4	0.6	√		蓝色	近似重合
5	0.5	0.5	√		黑色	
6	0.6	0.4		√	绿色	
7	0.7	0.3		√	黄色	
8	0.8	0.2		√	蓝色	
9	0.9	0.1		√	红色	单条独立

　　　　　　　　5　基于数字技术的山地景观规划设计研究

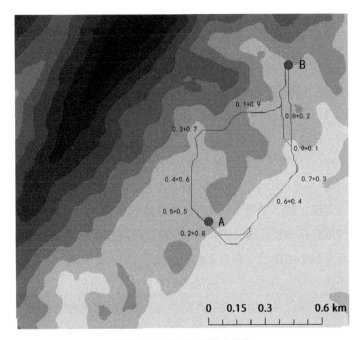

不同权重值下栅格路径分布规律

权重小于坡度权重时，选线集中在高程为 348~370m 地段范围内。此外，本实验方法基于坡度、高程因子权重，也适用于多因子影响的选线设计，需要在栅格计算中将"1"值进行多因子权重分配。

5.4.2.3 GIS-BIM 数据交互

实验应用 AB 选线数据，通过矢量化过程实现 GIS-BIM 数据交互，在 BIM 平台得到 AB 高程参数信息，这说明 Civil 3D 成功拾取了基于 GIS 分析的参数值，BIM 数据匹配了 GIS 分析结果，BIM 与 GIS 在栅格、矢量维度上实现了数据的传递。

本实验数据只涉及线性栅格、矢量数据的交互，但这并不代表 GIS-BIM 数据交互的核心内涵。研究证实[218]，全方位的 GIS-BIM 数据交互并实现信息共享需要建立在数据标准基础之上。现阶段，IFC 和 CityGML 分别是 BIM、GIS 行业数据标准，IFC 与 CityGML 所涉及的对象与数据类型也是多样化的，如应用场景、几何拓扑、语义表达、模型语言等。两种数据标准既有区别又有交集，由于 GIS 面向地理环境分析与评价而 BIM 主要解决模型设计与管理，当两者进行数据交互、融合时可能产生诸多表达上的冲突。例如，一个完整的建筑 BIM 模型与 GIS 交互时，可能对建筑材质、坐标等数据产生差异化表达，这使得 GIS-BIM 数据交互受挫。相关研究曾尝试多种方法实现数据的全面交互融合。埃尔梅卡维（ElMekawy）[219] 提出了一种整合 IFC 和 CityGML 的语义类型，纳格尔（Nagel）[220] 通过设计格式转换工具实现 IFC 到 CityGML 的转换，贝尔洛（Berlo）[221] 使用 CityGML 中的 ADE 储存 IFC 数据。这些方法促进了 GIS-BIM 数据交互，但实现 GIS-BIM 数据的全面交互融合还需进一步研究。本实验结果说明，虽然 GIS-BIM 全方位数据交互存在技术上的差距，但这并不妨碍在低维度进行的数据交流。实验证实了线性（栅格、矢量）数据交互与转换，同理推断，GIS+BIM 协同处理基于线的"面"数据也是可能实现数据交互与转换的。这为 GIS+BIM 协同的景观参数化设计带来更多的可能，比如线性数据向"面"数据的拓展，基于线的"面"要素数据提取与交互等。这些技术路径的解决可以为诸如 GIS 场地选址、建筑规划、风景区规划等问题提供更加优质的解决方案。

5.4.2.4 BIM 模型构建

基于 GIS-BIM 数据交互，在 BIM 平台完成了道路中

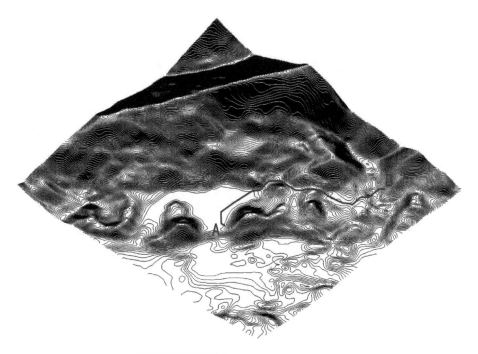

BIM 山地选线平面图

心线的拾取、纵断面设计、装配设计，并得到了山地道路土方施工图。这仅代表了部分 BIM 参数化设计成果，通过 BIM 山地模型集成了诸如放坡关系，工程填挖方量，道路长度、结构、材质，山地坡向、坡度、高程等参数信息，通过参数更新与优化实现对规划设计的精准控制。

道路建模是本实验的关键内容，通过 BIM 模型实现了基于 AB 选线的道路参数化设计。在关于 BIM 道路模型设计的研究中，黄炎[222]等通过 BIM 完成对道路沿线地形、仿真交通流等环境模拟，从而提高道路设计的安全水平；卡伦·卡斯塔涅达（Karen Castañeda）[223]应用 BIM 模型构建了基于道路交叉口"模拟—分析—标定"的模拟框架，加

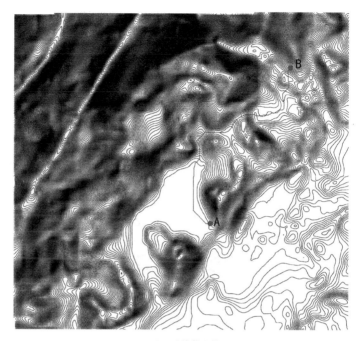

BIM 山地选线信息模型

深了设计者对环境地理的认识并加速了设计进程。胡安·多尔斯（Juan F. Dols）[224] 借助 BIM 模型创建虚拟道路场景，并将其加载到驾驶模拟器中进行模拟，提升了道路设计安全性。此外，张欢欢等通过 BIM 模型完成对道路工程建设时间的优化设计[225]；文雅等通过降雨模拟，优化道路设施的集排水能力[226]。以上研究说明，借助 BIM 平台，可以实现对模型模拟与优化，提升参数化设计的科学性与安全性。在本实验中，BIM 模型实现了土方平衡计算、山地曲面、道路曲面、交通驾驶模拟、道路对象的优化设计，完成了山地模型可视化、协同、模拟等过程，并将模型信息应用于设计与反馈。

5　基于数字技术的山地景观规划设计研究

此外，本实验借助 BIM 平台完成基于 GIS 选线的山地风景环境道路参数化设计，使得 GIS 分析数据完全参与后期的设计编辑，令 GIS 分析数据在 BIM 平台得到更大拓展与延伸，并响应了"设计基于客观分析"的规划共识。

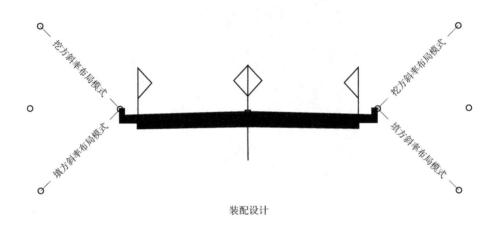

装配设计

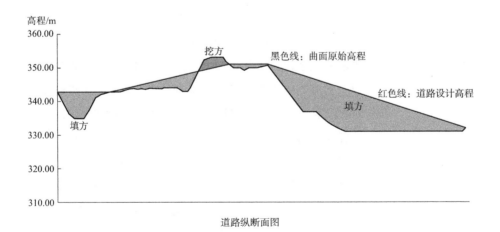

道路纵断面图

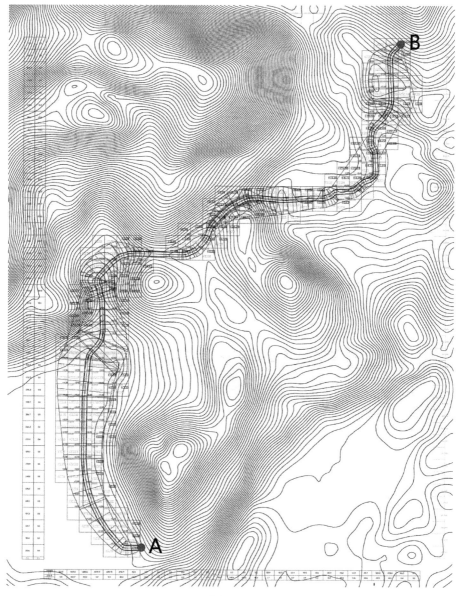

山地道路土方施工图

　　　　　　　　　　　　　　5　基于数字技术的山地景观规划设计研究

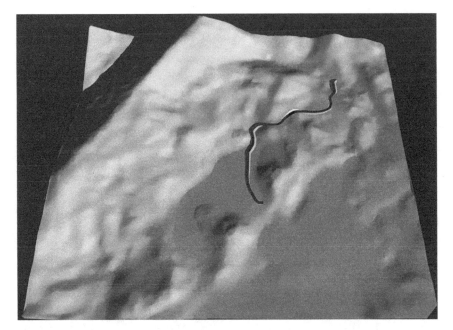

BIM 山地道路信息模型

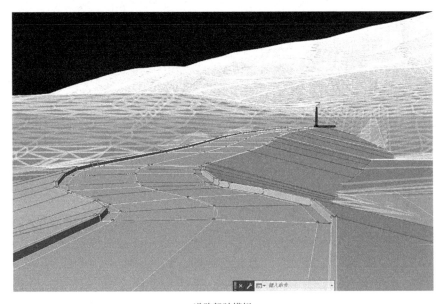

道路驾驶模拟

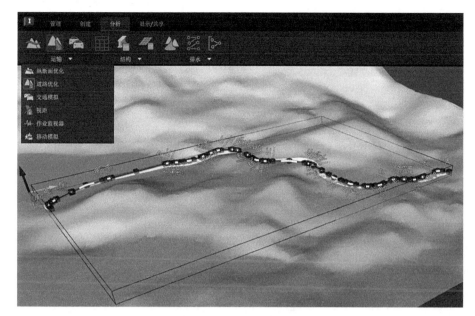

道路优化

5 基于数字技术的山地景观规划设计研究

6

结论与讨论

6.1 BIM 平台对山地景观规划研究的影响

　　本书研究实现将山地地形分析、设计编辑全部集成在 BIM 平台，并完成了二维地形图与三维地形模型交互设计，构建基于 BIM 平台山地景观信息模型，通过 BIM 技术提高了山地景观规划设计的精准与精细化程度，通过 InfraWorks–Civil3D 交互，将道路中心线、道路高程、道路长度、场地面积、场地高程等竖向设计重要的参数信息在 Civil3D 中精准传递。在实际的山地地形设计应用中，可以先在 InfraWorks 完成三维可视化设计分析与初步设计，完成道路、场地参数调整，再将细节深化的部分转移到 Civil 3D 中进行。通过这种设计程序，设计者可直接在模拟的真实且精准的环境中设计和编辑，从而更加准确地把握山地地形设计中的"所见所得"，通过逼真的可视化设计和参数信息不断优化的过程，快速完成地形设计。这给设计者带来了高效、智慧的地形数字化设计体验，也给山地地形参数化设计提供了一种新思路。

　　BIM 凭借其卓越的参数化设计技术与工程建设全周期信息集成管理，在工程规划与建设行业受到高度的关注与认可，在山地景观规划设计中，BIM 技术值得借鉴与应用。由于缺乏技术平台支撑，山地景观精准、精细化的设计受到技术上的制约，如山地三维设计信息与二维设计不匹配，山地曲线、曲面设计精度不高等。杜春兰 [227-229]、毛华松 [181, 230, 231]、秦华 [158] 等学者长期致力于以科学严谨的方法推动山地景观规划设计技术发展。现阶段，加快

BIM 技术应用研究是山地景观规划设计响应数字化、智能化建设所面临的新课题，可以尝试以 Civil3D、Revit、InfraWorks 等 BIM 软件构建山地景观信息模型，完成山地景观规划设计。同时，对于现有 BIM 技术不能实现的山地景观模型设计，可通过 Dynamo 可视化编程提升 BIM 技术解决山地参数化设计问题的能力。相信在不久的将来，依托 BIM 技术的 LIM 平台将整合多元参数交互设计，并依靠设计师自主编程，如 Python、Dynamo 语言在 LIM 中的应用，突破技术平台束缚，完成高效且个性化的参数化设计，实现方案即时比对及优化更新，让强调关联与过程描述的参数化设计贯穿山地"设计—施工—运营管理"生命全周期。

综上所述，在山地地形设计中应摒弃缺乏参数控制与量化分析不严谨的设计方法，利用同一参数化设计平台集成设计分析与设计编辑、通过分析与设计对接、三维与二维信息对接实现方案的即时变更与优化，使方案设计、施工图设计等阶段全部基于 LIM，令地形设计每个阶段与成果之间建立参数关联，实现设计的全程可控与成果的同步输出。最后，山地地形设计是一个系统性问题，除了山地地形竖向设计因素以外，还受到生态、自然、人文、经济等多因素制约，这就要求设计平台底层技术的不断升级，提高 LIM 设计信息集成水平，构建更为全面的山地景观信息模型，实现山地景观参数化设计科学路径。

6   结论与讨论

6.2 GIS+BIM 途径对山地景观规划设计影响

6.2.1 GIS+BIM 协同的参数化设计内涵

　　本书实验中"GIS+BIM 协同"是处理山地景观规划设计并实施"模型信息集成与数据交互"的关键，实验结果说明"GIS+BIM 协同"内涵是多层次、多方面的。

　　首先，BIM 途径多样化。根据美国总承包商协会（Associated General Contractors of American，AGC）分类标准，可将 BIM 软件分为 8 个应用类别[232]，每个应用类别对应大量的 BIM 软件，如概念设计软件 InfraWorks，建模软件 Revit、Civil 3D 等。目前，Autodesk、Bentley、Graphisoft、广联达等开发的 BIM 软件广泛应用在工程设计建造中。本书实验中针对山地环境，采用 Autodesk-BIM 软件 Civil 3D 和 InfraWorks 完成了山地曲面设计，并且通过 Civil 3D 和 InfraWorks 交互实现山地二维与三维联动，从不同的维度准确地把握山地设计中的参数信息，显著提高设计效率。

　　其次，GIS—BIM 数据交互方式多样化。根据马志良等研究[233]，GIS+BIM 模型其数据传递与共享可能存在以下三种途径：①从 GIS 提取信息传递给 BIM；②从 BIM 中提取信息传递给 GIS；③将 BIM 和 GIS 中的数据共同提取到另一个系统中。本书研究中数据传递是基于 GIS 向 BIM 传递的过程，这种传递方式代表了 GIS 数据在 BIM 设计中的拓展与应用，也从侧面反映了 GIS 源数据在 BIM 模型设计中的参数控制；而 BIM 向 GIS 的数据传递实现了 BIM 模型在

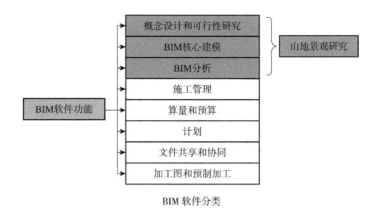

BIM 软件分类

GIS 环境中的可视化分析与空间优化。目前，将 BIM 中的数据提取到 GIS 是 "GIS+BIM" 协同应用的主流方式，这种方法主要针对城市信息模型构建与应用，如处理建筑规划、智慧城市建设等 [234]，典型的实验过程是将 BIM 模型置于 GIS 中进行分析与应用，实验焦点仍然集中在数据交互及应用技术上。前两种方法只代表了单向的数据传递，第三种方法是将 BIM 和 GIS 数据共同提取到另一个系统并实现数据共享，这种方式代表了 BIM+GIS 多维度互联互补的协同应用，如在工程建设领域 [90]，将 BIM 工程基础数据和 GIS 地理位置信息、周边信息，通过第三方平台融合实现智能施工管理；在景观规划设计领域，通过 BIM+GIS 多维度融合构建基于地理数据、规划信息、道路系统、人口信息、建筑、地形、自然景观等信息集成的 LIM 实现项目 "规划—分析—设计—施工—运维" 建设全周期信息集成与应用，通过 BIM 和 GIS 数据融合实现项目数字化规划、建设、管理、运营。与此同时，本书研究中 GIS 数据通过 Civil 3D 还能与 Revit、InfraWorks、NavisWorks 等软件交互，实验中通过 "GIS-Civil 3D-InfraWorks" 数据传递路线完成模型设计模拟与优

6 结论与讨论

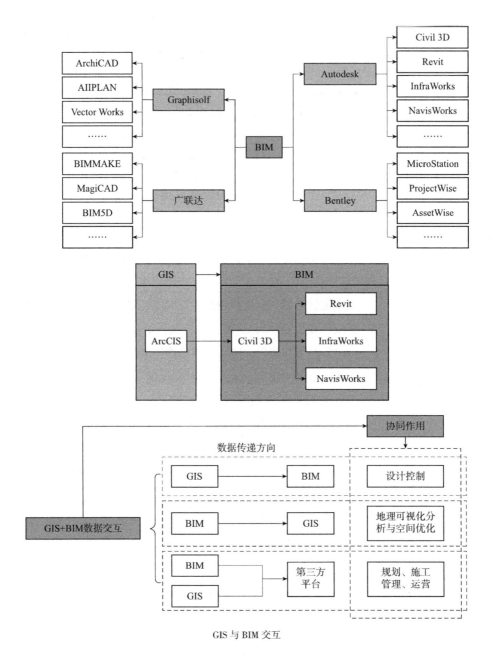

GIS 与 BIM 交互

化，提高了设计精准化水平。以上分析说明，软件多样化和
数据交互方式多样化影响了 GIS+BIM 协同的多样化。

6.2.2 GIS+BIM 协同对景观规划设计的影响

GIS+BIM 信息集成所构建的 LIM 既解决了模型地理空
间环境分析的问题，又实现了模型建造的工程设计与管理。
通过实验研究发现，GIS+BIM 协同加速了景观规划设计数
字化、智能化进程，具体表现在以下几点。①景观模型多维
度可视化。GIS 反映模型周边地理空间环境特征，BIM 展
示景观实体模型细部结构与构造，二者联合构建从外到内的
多维度景观可视化模型，并且将可视化拓展到景观设计、施
工、管理、运维等环节，通过全方位的可视化提升项目讨
论、判断、协同、决策的工作效率。②GIS 分析数据对 BIM
模型的设计控制。GIS 与 BIM 的协同不应简单地将两个不
同语义环境下的设计成果进行拼凑或者是数量上的叠加，两
者协同的理想模型是参数信息互融互通。本书实验中 GIS
选线数据成为 BIM 道路建模的中心线，BIM 继承了 GIS 分
析结果，从源头控制了 BIM 模型，实现了 GIS 数据在 BIM
模型设计中的应用与拓展，实现了 GIS 与 BIM 参数信息融
合，这显著提升了协同解决景观规划设计问题的能力。③二
维设计与三维设计协同。三维模型信息与二维设计参数脱离
导致景观规划设计在精准性上出现诸多设计的障碍。本书实
验中通过 GIS-BIM、BIM-BIM 方式实现二维设计与三维
设计协同，具体表现在：GIS 二维选线与 BIM 三维道路模
型设计协同、山地 Civil 3D 二维图形与 InfroWorks 三维模
型协同，通过协同解决山地三维与二维设计信息不匹配及山
地曲线、曲面地形要素设计精度不高等问题。可见，通过三

维与二维协同设计可促进景观规划设计精细化程度。④设计模拟与优化。本书实验中，GIS+BIM 山地模型可将山地景观信息、山地设计对象、山地景观规划与建设时间进行科学模拟与优化，并通过参数联动实现方案的即时变更。实验模拟优化中，道路模型可以实现施工模拟搬运方案、交通驾驶模拟、道路纵断面优化等，同时，还能完成土方、山地曲面、道路曲面、纵断面、道路装配等对象的优化设计，通过模拟优化及时发现问题并实施"设计—模拟—优化—改进"纠偏过程，显著提升规划设计效率。⑤多专业协同设计。GIS+BIM 模型可以将设计变更、图纸修改等潜在但尚未发生的工作事先预警并搭建解决问题、协调工作的参数化平台，从而显著提升项目运行效率。本书研究中 GIS+BIM 模型可以处理道路放坡与山地地形坡度衔接、山地汇水与道路排水、道路排水管线与道路照明电管线碰撞、道路可见性检查等问题，通过模型进行多任务、多项目的协同设计，事前预防，从设计源头避免由于缺乏专业协同而导致的工程设计与建设的冲突。此外，BIM 模型可以从根源上减少图纸错、漏、碰、缺等问题，有效规避不同专业设计图纸间的设计冲突。

综上所述，科学的山地景观规划设计基于全面的景观信息集成与分析，并贯穿项目整个生命周期，通过 GIS 完成对宏观地理空间信息的采集、分析、描述等工作，借助 BIM 构建对景观建造实体数字化设计与管理，通过 GIS、BIM 互联互补实现以地理空间环境为背景的景观实体参数化设计，集成大尺度地理环境信息与小尺度景观实体信息，从而有效提升景观规划设计的科学性并加速景观设计数字化、智能化进程。可见，在景观规划设计中，BIM 模型不应脱离周边地理空间因素的影响而独立存在，与 GIS 协同是景观规划设

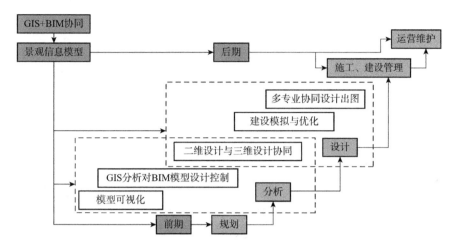

GIS+BIM 信息模型对景观规划设计的影响

计的必然过程，这种协同除了充分还原客观环境因素之外，也将空间环境影响融入景观实体结构与构造中，并持续地为景观规划、设计、建设、管理、运维提供全面的信息支撑与决策参考。

参考文献

[1] RURA M J, MARBLE D, ALVAREZ D. In Memoriam: Roger Tomlinson "The Father of GIS" and the transition to computerized geographic information[J]. Photogrammetric engineering and remote sensing, 2014, 80 (5): 400-401.

[2] 尽管哈佛地理系关闭, Howard T. Fisher 等仍培养出孤独的 GIS 教父 [EB/OL].[2015-2-13]. https://wap.sciencenet.cn/home.php?mod=space&do=blog&id=867791.

[3] YANG B, LI S. Design with Nature: Ian McHarg's ecological wisdom as actionable and practical knowledge[J]. Landscape and urban planning, 2016: 21-32.

[4] SUTHERLAND I E. Sketch pad a man-machine graphical communication system[C]//Proceedings of the SHARE design automation workshop. 1964: 6329-6346.

[5] CATMULL E, SMITH A R. 3-D transformations of images in scanline order[J]. ACM SIGGRAPH computer graphics, 1980, 14 (3): 279-285.

[6] KRUEGER M W, GIONFRIDDO T, HINRICHSEN K. VIDEOPLACE—an artificial reality[C]//Proceedings of the SIGCHI conference on Human factors in computing systems. 1985: 35-40.

[7] 刘滨谊. 风景旷奥度——电子计算机、航测辅助风景规划设计 [J]. 新建筑, 1988 (3): 55-65.

[8] DAVIS F W, GOETZ S. Modeling vegetation pattern using digital terrain data[J]. Landscape

ecology, 1990, 4: 69–80.

[9]   FLATHER C H, SAUER J R. Using landscape ecology to test hypotheses about large-scale abundance patterns in migratory birds[J]. Ecology, 1996, 77（1）: 28–35.

[10] GRIFFITHS G H, MATHER P M. Remote sensing and landscape ecology: landscape patterns and landscape change[J]. 2000.

[11] ASPINALL R, PEARSON D. Integrated geographical assessment of environmental condition in water catchments: linking landscape ecology, environmental modelling and GIS[J]. Journal of environmental management, 2000, 59（4）: 299–319.

[12] LATHROP Jr R G, BOGNAR J A. Applying GIS and landscape ecological principles to evaluate land conservation alternatives[J]. Landscape and urban planning, 1998, 41（1）: 27–41.

[13] STEINITZ C. A framework for theory applicable to the education of landscape architects（and other environmental design professionals）[J]. Landscape journal, 1990, 9（2）: 136–143.

[14] STEINITZ C. Toward a sustainable landscape with high visual preference and high ecological integrity: the loop road in Acadia National Park, USA[J]. Landscape and urban planning, 1990, 19（3）: 213–250.

[15] BATTY M. The size, scale, and shape of

cities[J]. Science, 2008, 319（5864）: 769-771.

[16] BATTY M. Big data, smart cities and city planning[J]. Dialogues in human geography, 2013, 3（3）: 274-279.

[17] 俞孔坚，李迪华，吉庆萍.景观与城市的生态设计：概念与原理 [J].中国园林，2001（6）: 3-10.

[18] 戴忱.ArcGIS 缓冲区分析支持下的城市规划用地布局环境适宜性分析 [J].现代城市研究，2013（10）: 22-28.

[19] 孙涛.基于 ArcGIS 的三维景观重建及其在城市规划中应用的研究 [D].赣州：江西理工大学，2009.

[20] 李梦阳.基于 ArcGIS 的 SWMM 模型在海绵城市规划中的应用——以西咸新区秦汉新城为例 [D].西安：西安建筑科技大学，2019.

[21] 李鹏飞，秦聪.基于 ArcGIS 与信息熵法的土地环境污染风险评价研究 [J].环境科学与管理，2022,47(9): 185-189.

[22] 高晶.基于 ArcGIS Engine 的农业遥感监测系统的设计与应用 [D].北京：中国科学院大学，2017.

[23] 肖海.基于 ArcGIS Engine 的农业资源管理信息系统研究——以重庆江津市为例 [D].重庆：西南大学，2006.

[24] 贾如春.基于 ArcGIS 动态数据模拟导航智能交通系统的设计与实现 [J].自动化与仪器仪表，2018（11）: 155-159.

[25] 聂丽.无人机遥感技术与 ArcGIS 数据处理在林业系统中的运用 [J].南方农业，2021, 15（26）: 43-45.

[26] 冯立杰，姚兵.ArcGIS 空间分析模块在规划选址中的

应用 [J]. 江西测绘, 2023（1）: 36-38, 64.

[27] 张曼, 李文博, 王佩. 基于 ArcGIS 的矢量电子地图制作方法研究——以西安市为例 [J]. 城市勘测, 2023（3）: 136-139.

[28] 张怀清, 郑曼, 蒋娴. 基于 ArcGIS Engine 的退耕还林决策支持系统研究 [J]. 林业科学研究, 2008（S1）: 65-68.

[29] 童艳. 基于 ArcGIS 的基础地理空间数据管理系统设计与实现 [D]. 杭州: 浙江大学, 2006.

[30] 张桂欣, 刘祎, 祝善友. 城市建筑布局要素对区域热环境影响的 ENVI-met 模拟与分析——以南京江北新区部分区域为例 [J]. 气候与环境研究, 2022, 27（4）: 513-522.

[31] 李英男, 韩依纹. 基于 ENVI-met 的城市绿地微气候模拟研究进展 [J]. 中国城市林业, 2021, 19（3）: 61-66.

[32] 陈怡君, 刘小波, 李佩恩. 基于 ENVI 遥感解译和 GIS 的渝北区土地利用 / 覆被变化分析 [J]. 成都师范学院学报, 2019, 35（9）: 98-104.

[33] 童威. 基于 ENVI 的遥感影像监督分类方法的研究 [J]. 科技创新与应用, 2019（23）: 6-9.

[34] 赵翠娥, 丁文荣. 基于 ENVI 和 GIS 技术的龙川江流域植被覆盖度动态监测 [J]. 林业调查规划, 2013, 38（5）: 14-18, 44.

[35] 王建琼. 基于 ENVI 和 ArcGIS 对荒漠化数据中沙地的提取 [J]. 内蒙古林业调查设计, 2015, 38（6）: 121-123, 140.

[36] 高延平, 吴相利. 基于 RS 与 Fragstats 的哈尔滨市

主要建成区绿地质量评价 [J]. 测绘与空间地理信息，2021，44（9）：120-123，131.

[37] 谢莹. 基于 Fragstats 和 InVEST 模型彭州市景观格局与生境质量的时空演变及评价 [D]. 成都：四川农业大学，2021.

[38] 于婧，陈艳红，彭婕等. 基于 GIS 和 Fragstats 的土地生态质量综合评价——以湖北省仙桃市为例 [J]. 生态学报，2020，40（9）：2932-2943.

[39] 康愉旋. 基于 Fragstats 的沈阳市五所高校校园景观格局评价 [D]. 沈阳：沈阳农业大学，2019.

[40] 王开放，孔维华，赵硕，等. 基于 CityEngine 的数字城市建模分析 [J]. 测绘与空间地理信息，2019，42（8）：166-168.

[41] 徐仲炜. 基于 CityEngine 的三维乡村景观建模——以韩城市党家村为例 [D]. 咸阳：西北农林科技大学，2022.

[42] 周亚雄. 基于 CityEngine 三维虚拟小区建模与分析 [J]. 信息与电脑（理论版），2017（20）：117-121.

[43] 张献伟，刘卫军，石磊，等. 一种基于 CityEngine 创建道路网的方法探讨 [J]. 矿山测量，2020，48（3）：91-92，100.

[44] 蔡周平，吴享，李强，等. 城市引擎在智慧城市规划中的应用 [J]. 北京测绘，2021，35（10）：1298-1302.

[45] 李宏旭，杨李东. 基于 CityEngine 的三维城市规划设计与研究 [J]. 测绘与空间地理信息，2016，39（5）：55-57.

[46] 吕永来，李晓莉. 基于 CityEngine CGA 的三维建筑

建模研究 [J]. 测绘，2013，36（2）：91-94.

[47] 昂龙，李大华，宋辰辰，等 . 基于 Civil 3D 的某山区复杂地形场平工程的土方量计算 [J]. 安徽建筑大学学报，2018，226（2）：34-38.

[48] 朱昊然 . 基于 Civil 3D+Dynamo 的道路设计应用研究 [D]. 南京：东南大学，2020.

[49] 刘莉，李国杰，乔伟刚 . 基于 Civil 3D 的三维地质建模方法及应用 [J]. 水运工程，2018（8）：140-144.

[50] 刘国超，马会姣 . 机载 LiDAR+Civil 3D 在植被茂密山区边坡设计土石方概算中的应用 [J]. 城市勘测，2022（1）：114-116，121.

[51] 卢洋旸，刘斌 . 基于 Civil 3D 的复杂地形汇水面积分析 [J]. 中国市政工程，2018（4）：44-45.

[52] 张驰，杨雪松 . 基于 Rhino+Grasshopper 的风景环境复杂地形道路选线设计算法模型研究 [J]. 中国园林，2021，37（3）：77-82.

[53] 张慎，尹鹏飞 . 基于 Rhino+Grasshopper 的异形曲面结构参数化建模研究 [J]. 土木建筑工程信息技术，2015，7（5）：102-106.

[54] 陈凌锋 . 基于 Rhino 与 Grasshopper 参数化技术在风景园林规划设计中地形的应用研究 [D]. 广州：仲恺农业工程学院，2018.

[55] 郭颖恺，张颖璐，朱一辛 . 基于 Revit 软件及 Dynamo 可视化编程实现轻型木结构框架体系快速建模 [J]. 林业机械与木工设备，2018，46（8）：18-24.

[56] 李雯慧，李传成，康鑫维 . 基于 Tekla+Revit+Dynamo 的膜结构参数化建模方法与应用 [C]// 黄艳雁，肖衡林，邹贻权 . 智筑未来——2021 年全国建筑院系建筑数字

技术教学与研究学术研讨会论文集.武汉：华中科技大学出版社，2021：72-77.

[57] 王路希，邓吉秋，李娜，等.基于 Python 的开源 GIS 应用开发 [J].科技创新与生产力，2015（6）：51-53.

[58] 吴建晔，姜建，卢晓鹏，等.Python 在批量处理 GIS 数据中的应用 [J].测绘技术装备，2018，20（2）：75-77，74.

[59] 王杰.网络爬虫和 GIS 技术在城市交通规划中的应用研究——以神木市城市综合交通分析研究为例 [J].重庆建筑，2022，21（S1）：407-410.

[60] 杜日星，张静潇，余志伟.基于插件式 GIS 的景观生态专业信息系统开发 [J].内蒙古大学学报（自然科学版），2012，43（6）：617-622.

[61] 韩同春，林博文，何露，等.基于 GIS 与数值模拟软件耦合的三维边坡建模方法及其稳定性研究 [J].岩土力学，2019，40（7）：2855-2865.

[62] 木啸林，牛坤龙，蔡世荣，等.开源网络地理信息系统的技术体系与研究进展 [J].计算机工程与应用，2022，58（15）：37-51.

[63] 陈驰，章天成，袁佳利，等.基于 Lumion3D 的传统建筑景观空间三维可视化表现——以石鼓书院为例 [J].城市建筑，2017（14）：73-75.

[64] 袁勋，许超，包志毅.Lumion 软件在植物景观设计中的应用 [J].福建林业科技，2013，40（4）：114-116，130.

[65] 冯甜甜，曹珺，朱子瀚，等.基于 Lumion+Sketchup GIS 交互技术的陕北传统村落民居振兴与活化项目——以延安富县村落为例 [J].现代园艺，2022，45

（13）：138-139，142.

[66] 金伟，葛宏立，杜华强，等 . 无人机遥感发展与应用概况 [J]. 遥感信息，2009（1）：88-92.

[67] 汪沛，罗锡文，周志艳，等 . 基于微小型无人机的遥感信息获取关键技术综述 [J]. 农业工程学报，2014，30（18）：1-12.

[68] 刘浩 . 数字城市三维景观再现系统的研究 [D]. 天津：天津大学，2004.

[69] 蔡青 . 基于景观生态学的城市空间格局演变规律分析与生态安全格局构建 [D]. 长沙：湖南大学，2012.

[70] 胡健波，张健 . 无人机遥感在生态学中的应用进展 [J]. 生态学报，2018，38（1）：20-30.

[71] 吴健平，张立 . 卫星遥感技术在城市规划中的应用 [J]. 遥感技术与应用，2003（1）：52-56.

[72] 张莉秋 . 晋北沙化区景观格局的动态变化与模拟 [D]. 太原：山西大学，2017.

[73] 徐珍珍，史久西，格日乐图 . 森林景观模拟与构景因素控制试验 [J]. 林业科学研究，2017，30（2）：276-284.

[74] 刘仪 . 绿汁江流域土地利用景观格局演变与模拟预测研究 [D]. 昆明：云南财经大学，2023.

[75] 周振宏，刘东义，王诗琪，等 . 六安市土地利用动态模拟及景观生态风险评价 [J]. 安徽师范大学学报（自然科学版），2022，45（5）：443-452.

[76] 崔星，杜春兰 . 基于 GIS+BIM 信息协同的景观参数化设计研究——以山地风景环境道路规划设计实验为例 [J]. 中国园林，2023，39（6）：39-45.

[77] 李姗迟，蒋腾，戴雪峰，等 .Web 端实景三维注记

可视化技术研究 [J]. 地理空间信息，2023，21（5）：84-87.

[78] 鄢靓雯. 城市三维景观构建方法与应用 [D]. 西安：西安科技大学，2015.

[79] 赵艳坤. 基于 Unity3D 的栾川三维城市地理信息系统研究 [D]. 郑州：郑州大学，2014.

[80] 刘宁. 基于 GIS 技术的数字化矿山测量数据可视化探究 [J]. 世界有色金属，2023（2）：35-37.

[81] 黄智煌，邬娜，仇巍巍. 基于 3D GIS 和物联网的智慧矿山三维可视化系统设计与实现 [J]. 自然资源信息化，2022（2）：50-56.

[82] 谢建东，朱凯泽，王君若，等. 基于 BIM 技术的榫卯木结构三维可视化设计与研究 [J]. 建筑结构，2023，53（S1）：2442-2447.

[83] 王磊，李海铭. 基于 BIM 与 VR 的建筑可视化设计研究 [J]. 科技创新与应用，2023，13（7）：107-110.

[84] 欧金武，余芳强，许璟琳，等. 基于 BIM 的建筑运维大数据可视化方法研究与实践 [C]// 马智亮. 第七届全国 BIM 学术会议论文集. 北京：中国建筑工业出版社，2021.

[85] 成玥，韩宇翃. 智慧城市下基于虚拟现实技术的交互景观研究 [J]. 包装工程，2023，44（S1）：246-251.

[86] 边青. VR 技术在乡村景观设计中的应用 [J]. 现代园艺，2023，46（10）：160-162.

[87] 赵强，何陈照，杨世植，等. 利用 IFC 和 CityGML 进行地下空间模型转换——以城市综合管廊为例 [J]. 武汉大学学报（信息科学版），2020，45（7）：1058-1064.

[88] 汤圣君，朱庆，赵君峤 . BIM 与 GIS 数据集成：IFC 与 CityGML 建筑几何语义信息互操作技术 [J]. 土木建筑工程信息技术，2014，6（4）：11-17.

[89] 王玲莉，戴晨光，马瑞 . GIS 与 BIM 集成在城市建筑规划中的应用研究 [J]. 地理空间信息，2016，14（6）：75-78，8.

[90] 李谧，贺晓钢，李博涵，等 . 基于 BIM+GIS 的市政工程规建管一体化应用研究 [J]. 地下空间与工程学报，2020，16（S2）：527-539.

[91] 徐航航 . 基于 BIM 与 GIS 技术的建筑内消防疏导研究 [D]. 唐山：华北理工大学，2020.

[92] 徐旻洋 . 基于 BIM+GIS 城市大数据平台的智慧临港应用示范 [J]. 土木建筑工程信息技术，2021，13（2）：139-144.

[93] EBRAHIMI A S, RAJABIFARD A, MENDIS P, et al. A framework for a microscale flood damage assessmentand visualization for a building using BIM-GIS integration[J]. International journal of digital earth, 2016, 9（4）: 363-386.

[94] DING X H, YANG J, LIU L J, et al. Integrating IFC and CityGML model at schema level by using linguistic and text mining techniques[J]. IEEE access, 2020, 8: 56429-56440.

[95] El-MEKAWY M, ANDERS Ö, IHAB H. Anevaluation of IFC-CityGML unidirectional conversion[J]. International journal of advanced computer science and applications, 2012, 3（5）: 159-171.

[96] NAGEL C, STADLER A, KOLBE T. Conversion

of IFC to CityGML[C]//Meeting of the OGC 3DIM Working Group at OGC TC/PC Meeting, Paris（Frankreich）.2007.

[97] BILJECKI F, LIM J, CRAWFORD J, et al. Extending CityGML for IFC-sourced 3D city models[J].Automation in construction, 2021, 121：103440.

[98] LIM J, TAUSCHER H, BILJECKI F. Graph transformationrules for ifc-to-CityGML attribute conversion[J]. ISPRS annals of photogrammetry, remote sensing and spatial information sciences, 2019, 4：83-90.

[99] MA Z, REN Y. Integrated application of BIM and GIS：an overview[J]. Procedia engineering, 2017, 196：1072-1079.

[100] 张东明.基于 3S 技术的土地利用现状变更调查技术及数据处理方法研究 [D].昆明：昆明理工大学，2007：31.

[101] 王德智.结合 UAV-LiDAR 和卫星遥感数据的红树林多尺度观测方法研究 [D].武汉：中国地质大学，2020.

[102] 张有智.GPS 技术在农业遥感中的应用 [J].黑龙江农业科学，2011（10）：130-132.

[103] 朱爱源.激光雷达地形测绘遥感技术研究 [J].科技创新导报，2012（17）：106.

[104] 徐恩恩，郭颖，陈尔学，等.基于无人机 LiDAR 和高空间分辨率卫星遥感数据的区域森林郁闭度估测模型 [J].武汉大学学报（信息科学版），2022，47（8）：

1298-1308.

[105] 地理空间数据云 [EB/OL].[2020-1-15].https：//
www.gscloud.cn/#page4.

[106] 崔星，娄娟，张媛媛，等.基于风景园林信息模型
（LIM）的山地景观地形参数化设计实验研究——以
Civil 3D 和 InfraWorks 交互设计为例 [J].中国园林，
2022，38（9）：57-62.

[107] 陈琨.LIM 辅助土矿山生态修复实证研究——以湛江
市三岭山南铁门受损单元为例 [D].湛江：广东海洋大
学，2022.

[108] 张国明.Civil 3D 平台对复杂地层三维地质建模方法
的研究与改进 [J].湖南水利水电，2022（5）：104-
106.

[109] 韩尚麒.飞凤山处置场地下水流模拟及不确定分析 [D].
北京：中国地质大学（北京），2021.

[110] 韩岭，盖永岗，刘杨，等.基于 MIKE FLOOD 模型
的湟水河上游洪水风险评估 [J].中国农村水利水电，
2017（7）：161-165.

[111] 朱超凡，黄金柏，顾准，等.基于 HYDRUS-1D 的城
市草地土壤水分模拟——以扬州市人工草地为例 [J].
水土保持通报，2021，41（3）：118-126.

[112] 李道峰，丁晓雯，刘昌明.GIS 平台构建在黄河流域
水循环研究中的应用 [J].水土保持学报，2003（4）：
102-104，109.

[113] 贾坤，姚云军，魏香琴，等.植被覆盖度遥感估算研
究进展 [J].地球科学进展，2013，28（7）：774-782.

[114] 朱文泉，潘耀忠，张锦水.中国陆地植被净初级生产
力遥感估算 [J].植物生态学报，2007（3）：413-424.

[115] 程红芳，章文波，陈锋．植被覆盖度遥感估算方法研究进展 [J]. 国土资源遥感，2008（1）：13-18.

[116] 夏传福，李静，柳钦火．植被物候遥感监测研究进展 [J]. 遥感学报，2013，17（1）：1-16.

[117] 李苗苗，吴炳方，颜长珍，等．密云水库上游植被覆盖度的遥感估算 [J]. 资源科学，2004（4）：153-159.

[118] 胡勇，刘良云，贾建华．北京山区植被动态及生态恢复的遥感监测 [J]. 应用生态学报，2010，21（11）：2876-2882.

[119] 赵艳华，苏德，包扬，等．阴山北麓草原生态功能区植被覆盖度遥感动态监测 [J]. 环境科学研究，2017，30（2）：240-248.

[120] 曹宇，陈辉，欧阳华，等．基于多项植被指数的景观生态类型遥感解译与分类——以额济纳天然绿洲景观为例 [J]. 自然资源学报，2006（3）：481-488+501.

[121] 李晓琴，孙丹峰，张凤荣．基于遥感的北京山区植被覆盖景观格局动态分析 [J]. 山地学报，2003（3）：272-280.

[122] 裴志方，杨武年，吴彬，等．2000—2016 年宁夏植被覆盖景观格局遥感动态分析 [J]. 水土保持研究，2018，25（1）：215-219.

[123] 秦文翠，胡聃，李元征，等．基于 ENVI-met 的北京典型住宅区微气候数值模拟分析 [J]. 气象与环境学报，2015，31（3）：56-62.

[124] 陈卓伦，赵立华，孟庆林，等．广州典型住宅小区微气候实测与分析 [J]. 建筑学报，2008（11）：24-27.

[125] 陈睿智．城市公园景观要素的微气候相关性分析 [J]. 风景园林，2020，27（7）：94-99.

[126] 杨阳，唐晓岚，吉倩妘，等.基于 ENVI-met 模拟的南京典型历史街区微气候数值分析 [J].苏州科技大学学报（工程技术版），2018，31（3）：33-40.

[127] 成实，李翔宇，张潇涵，等.基于植被三维点云数据的小型景观空间微气候分析方法探究——以东南大学梅庵为例 [J].中国园林，2022，38（12）：98-103.

[128] 吴昌广，房雅萍，林姚宇，等.湿热地区街头绿地微气候效应数值模拟分析 [J].气象与环境学报，2016，32（5）：99-106.

[129] 黄蔚欣，林雨铭.数字建筑研究的热点与趋势——CAADRIA 2018 论文关键词网络分析 [J].建筑技艺，2018（8）：16-21.

[130] 白润涵，孙睿珩，李泽平，等.基于 FLUENT 的高校宿舍建筑风环境数值模拟研究——以长春市某高校为例 [J].北方建筑，2022，7（4）：26-29.

[131] 徐剑琼，曾琼，胡帅博.基于 CFD 技术的群体建筑风环境分析 [J].智能建筑与智慧城市，2022（12）：157-159.

[132] 于景晓.BIM 模型在建筑消防模拟分析中的应用探讨 [J].低碳世界，2017（36）：222-223.

[133] 崔天龙.BIM 技术在建筑结构设计中的应用分析 [J].工程技术研究，2023，8（4）：171-173.

[134] 宋佳萍.BIM 技术在建筑给排水设计中的应用分析 [C]// 上海筱虞文化传播有限公司，中国智慧工程研究会智能学习与创新研究工作委员会.Proceedings of 2022 Shanghai Forum on Engineering Technology and New Materials（ETM2022）（VOL.2），2022：116-117.

[135] 杨琳．Ecotect 软件在闽南地区绿色建筑室内采光分析中的应用 [J].数字技术与应用，2021，39（12）：14-16.

[136] 章健，陈易．基于 BIM 的绿色建筑室内采光分析方法研究 [J].绿色建筑，2016，8（5）：21-26.

[137] 肖宗翰，邹文艺．BIM 在可持续建筑中的应用及可持续分析方法 [J].城市建筑，2022（S1）：139-141.

[138] 刘璐．基于骑行者视觉感知的城市道路景观设计研究——以南京市龙蟠路为例 [D].南京：南京林业大学，2022.

[139] 万中华．基于头戴式眼动仪的人眼空间凝视点推算方法研究 [D].武汉：华中科技大学，2021.

[140] 刘思文，陈烨．眼动仪应用于公园景观兴趣点研究初探——以南京市玄武湖公园驳岸场景为例 [J].城市建筑，2021，18（6）：163-165，169.

[141] 周心怡．眼动仪在景观设计及公园导游图中的应用研究 [D].杭州：浙江大学，2015.

[142] 李学芹，赵宁曦，王春钊，等．眼动仪应用于校园旅游标志性景观初探——以南京大学北大楼为例 [J].江西农业学报，2011，23（6）：148-151.

[143] 奚露．基于视觉和听觉体验的西山国家森林公园典型景观评价研究 [D].北京：中国林业科学研究院，2020.

[144] 吴颖娇．声景观评价方法和典型区域声景观研究 [D].杭州：浙江大学，2004.

[145] 孟繁林，王静，张岚，等．城市公园声景观评价及影响因素研究——以昆明翠湖公园为例 [J].绿色科技，2022，24（23）：1-9，16.

[146] 贺钰洁. 公园声景观评价与规划研究——以龙子湖公园为例 [D]. 郑州：华北水利水电大学，2022.

[147] 叶菁，郑俊鸣，王鸿达，等. 湿地公园声景观喜好度评价研究 [J]. 声学技术，2022，41（5）：734-741.

[148] 张海兵，陈国生，廖芬，等. 乡村旅游景区声景观评价指标体系构建及优化设计研究 [J]. 长沙大学学报，2021，35（4）：67-76.

[149] 张伟，李爱农，江晓波. 基于 DEM 的中国山地空间范围定量界定 [J]. 地理与地理信息科学，2013，29（5）：58-63.

[150] 刘爱华，谢正观，王家卓. GIS 技术在山地城市生态敏感性分析中的应用 [J]. 中国科学院研究生院学报，2012，29（4）：455-460.

[151] 张惠远，万军. GIS 支持下的山地景观生态优化途径 [J]. 水土保持研究，1999（4）：69-74，112.

[152] 王云才，黄俊达. 生态智慧引导下的太原市山地生态修复逻辑与策略 [J]. 中国园林，2019，35（7）：56-60.

[153] 陆文，唐家良，章熙锋，等. 山地流域水文模拟研究进展与展望 [J]. 山地学报，2020，38（1）：50-61.

[154] 李云燕，赵万民. 西南山地城市雨洪灾害防治多尺度空间规划研究——基于水文视角 [J]. 山地学报，2017，35（2）：212-220.

[155] 张帅，徐坚，杨平，等. 基于 GIS 的高原山地农业景观空间特征研究 [J]. 北方园艺，2020（11）：63-69.

[156] 袁天凤，张孝成，邱道持，等. 基于 GIS 的重庆市丘陵山地耕地质量评价与比较 [J]. 农业工程学报，2007（11）：101-107，292.

[157] 张子灿，张云路.基于 GIS 适宜性评价的城市山地公园选址研究 [J]. 中国城市林业，2021，19（1）：101-106.

[158] 秦华，高骆秋.基于 GIS- 网络分析的山地城市公园空间可达性研究 [J]. 中国园林，2012，28（5）：47-50.

[159] 杨帆，邓宏.海绵城市理念下山地城市公园绿地雨水系统构建研究——以重庆市悦来新城会展公园为例 [J]. 建筑与文化，2019（9）：80-81.

[160] 张云路，徐拾佳，韩若楠，等.基于山地特征的城市山地公园游憩服务能力评价与优化——以承德市为例 [J]. 中国园林，2020，36（12）：19-23.

[161] 李明娟，赵娟娟，刘时彦，等.山地城市公园植物群落功能多样性与物种多样性研究——以重庆市主城区为例 [J]. 中国园林，2021，37（2）：124-129.

[162] 牟婷婷，刘祎绯.山地公园眺望景观视线组织研究——以凤凰山国家森林公园为例 [J]. 中国园林，2017，33（12）：91-94.

[163] 张万钦，杜春兰，胡俊琦.知觉交互：山地城市公园更新中的文化意象激活 [J]. 中国园林，2021，37（11）：63-68.

[164] 辛儒鸿，曾坚，黄友慧.基于生态智慧的西南山地传统村落保护研究 [J]. 中国园林，2019，35（9）：95-99.

[165] 季宏，谢雁翎，王琼.闽东山地型聚落研究——以中国历史文化名村前洋村为例 [J]. 建筑与文化，2021（10）：251-253.

[166] 冒卓影，冒亚龙.山地城镇规划的分形思维 [J]. 山地学报，2016，34（2）：223-232.

[167] 李和平，孙念念．山地历史城镇景观保护的控制方法 [J].山地学报，2012，30（4）：393-400．

[168] 周潮，南晓娜．基于 GIS 的山地城市建设用地适宜性 评价研究——以岚皋县中心城区为例 [J].天津城市建 设学院学报，2011，17（2）：90-95，122．

[169] 袁旸洋，成玉宁，李哲．山地公园景观建筑参数化选 址研究 [J].中国园林，2020，36（12）：24-28．

[170] 成玉宁，袁旸洋．山地环境中拟自然水景参数化设计 研究 [J].中国园林，2015，31（7）：10-14．

[171] 谢芸．山地城市详细规划设计中道路选线模型优化方法 的研究——基于 GIS 与 AHP 多因子空间量化分析 [J]. 中外建筑，2016（6）：80-84．

[172] 熊桂开，朱丽丽，薛梅．GIS-BIM 技术在山地城市路 网优化设计中的应用 [J].重庆交通大学学报（自然科 学版），2017，36（4）：91-96．

[173] 朱晓勤，刘康，李建国，等．GIS 支持下的秦岭山 地植被分布与环境梯度关系研究 [J].水土保持研究，2009，16（2）：169-175．

[174] 张璐，苏志尧，陈北光．山地森林群落物种多样性垂 直格局研究进展 [J].山地学报，2005（6）：6736-6743．

[175] 刘加维，张凯莉．山地乡村植物景观调查及其运用—— 以贵州扁担山地区布依族聚落为例 [J].中国园林，2018，34（5）：33-37．

[176] 冯维波，张蒙．山地传统民居建筑景观信息识别研 究——以重庆市江津区中山镇龙塘村为例 [J].重庆师 范大学学报（自然科学版），2017，34（4）：120-126，141．

[177] 杜春兰. 山地城市景观学研究 [D]. 重庆：重庆大学，2005.

[178] 黄光宇. 山地城市空间结构的生态学思考 [J]. 城市规划，2005（1）：57-63.

[179] 方精云，沈泽昊，崔海亭. 试论山地的生态特征及山地生态学的研究内容 [J]. 生物多样性，2004（1）：10-19.

[180] 方精云. 探索中国山地植物多样性的分布规律 [J]. 生物多样性，2004（1）：1-4，213.

[181] 毛华松，张立立，罗评. 基于灾害链理论的山地城市雨洪适灾空间建构——以巫山县早阳新区城市设计为例 [J]. 风景园林，2019，26（7）：96-100.

[182] 刘常莉. 重庆山地生态农业观光园规划建设综合评价研究 [D]. 重庆：西南大学，2014.

[183] 张建林. 重庆主城区山地公园植物群落特征与景观设计 [D]. 成都：四川农业大学，2011.

[184] 郭湧. 论风景园林信息模型的概念内涵和技术应用体系 [J]. 中国园林，2020，36（9）：17-22.

[185] 袁旸洋，成玉宁. 过程、逻辑与模型——参数化风景园林规划设计解析 [J]. 中国园林，2018，34（10）：77-82.

[186] 郭湧. 面向可持续性场地设计的风景园林信息模型前景展望 [J]. 动感（生态城市与绿色建筑），2014（4）：62-65.

[187] 郭湧，胡洁，郑越，等. 面向行业实践的风景园林信息模型技术应用体系研究：企业 LIM 平台构建 [J]. 风景园林，2019，26（5）：13-17.

[188] 郭湧，武廷海，王学荣. LIM 模型辅助"规画"研

究——秦始皇陵园数字地面模型构建实验 [J]. 中国园林, 2017, 33（11）: 29-34.

[189] 成玉宁. 数字景观 [M]. 南京: 东南大学出版社, 2019: 118-119.

[190] 包瑞清. 编程景观 [M]. 南京: 江苏凤凰出版社, 2015: 23-26.

[191] 刘东云, 郭再斌, 段旺. 基于 BIM 技术的景观复杂曲面高精度控制——奥体文化商务园中心绿地设计实践 [J]. 中国园林, 2017, 33（3）: 125-128.

[192] 舒斌龙, 王忠杰, 王兆辰, 等. 风景园林信息模型（LIM）技术实践探究与应用实证 [J]. 中国园林, 2020, 36（9）: 23-28.

[193] 刘雯, 曹礼昆, 贾建中. BIM 技术在风景名胜区规划中的应用探索——以长江三峡风景名胜区为例 [J]. 中国园林, 2012, 28（11）: 27-35.

[194] 安得烈亚斯·卢卡, 郭湧, 高昂, 等. 智慧 BIM 乔木模型: 从设计图纸到施工现场 [J]. 中国园林, 2020, 36（9）: 29-35.

[195] MALCZEWSKI J. GIS-based land-use suitability analysis: a criticaloverview[J]. Progress in planning, 2004, 62（1）: 3-65.

[196] ROBINSON B.GIS Studies on Latin America: Geographical information systems（GIS）in Latin America, 1987-2010: a preliminary overview[J]. Journal of Latin American geography,2010,9(3): 9-31.

[197] GRIGOLATO S, MOLOGNI O, CAVALLI R. GIS applications in forest operations and road

参考文献

network planning: an overview over the last two decades[J]. Croatian journal of forest engineering, 2017, 38 (2): 175-186.

[198] MIETTINEN R, PAAVOLA S. Beyond the BIM utopia: approaches to the development and implementation of building information modeling[J]. Automation in construction, 2014, 43: 84-91.

[199] BARAZZETTI L, BANFI F. BIM and GIS: when parametric modelingmeets geospatial data[C]// ISPRS workshop on geospatial solutions for structural design, construction and maintenance in training civil engineers and architects, geospace 2017.

[200] DÖLLNER J, HAGEDORN B. Integrating urban GIS, CAD, and BIM data byservice-based virtual 3D city models[M]//COORS V, RUMOR M, FENDEL E M. Urban and regional data management. CRC press, 2007: 169-182.

[201] SONG Y, WANG X, TAN Y, et al. Trends and opportunities of BIM-GIS integration in the architecture, engineering and construction industry: a review from a spatio-temporal statistical perspective[J]. ISPRS international journal of geo-Information, 2017, 6 (12): 397.

[202] SUCHOCKI M. BIM for infrastructure: integrating spatial and model data for more efficient contextual planning, design, construction

and operation[J]. WIT transactions on the built environment, 2015, 149: 305-315.

[203] 翟晓卉, 史健勇. BIM 和 GIS 的空间语义数据集成方法及应用研究 [J]. 图学学报, 2020, 41（1）: 148-157.

[204] 汤圣君, 朱庆, 赵君峤. BIM 与 GIS 数据集成: IFC 与 CityGML 建筑几何语义信息互操作技术 [J]. 土木建筑工程信息技术, 2014, 6（4）: 11-17.

[205] 胡瑛婷, 马骏, 石玉, 等. 基于扩展语义匹配的 BIM 和 GIS 三维建筑数据融合 [J]. 土木建筑工程信息技术, 2022, 14（3）: 9-15.

[206] 吴红波, 贾欣, 王慎. 基于 MapGIS、BIM 和 SketchUp 平台的三维数字城市精细建模与实现 [J]. 城市勘测, 2018（3）: 19-24.

[207] 彭雷. BIM 与 GIS 集成的城市建筑规划审批系统设计与实现 [D]. 成都: 西南交通大学, 2016, 34-47.

[208] 张芙蓉, 杨雅钧, 齐明珠, 等. 结合 BIM 与 GIS 的城市工程项目智慧管理研究 [J]. 土木建筑工程信息技术, 2019, 11（6）: 42-49.

[209] 王玲莉, 戴晨光, 马瑞. GIS 与 BIM 集成在城市建筑规划中的应用研究 [J]. 地理空间信息, 2016, 14（6）: 75-78.

[210] 秦利, 赵科, 李鹏云. BIM+GIS 技术在桥梁工程施工中的应用研究 [J]. 土木建筑工程信息技术, 2017, 9（5）: 56-61.

[211] 羊权荣, 汪宇, 何跃川. 城市轨道交通施工监测在 GIS+BIM 平台的集成应用 [J]. 隧道建设（中英文）, 2019, 39（S2）: 345-351.

[212] 魏绪英，蔡军火，叶英聪，等.基于 GIS 的南昌市公园绿地景观格局分析与优化设计 [J].应用生态学报，2018，29（9）：2852-2860.

[213] 李发明，王婷婷.基于 GIS 分析的山地旅游景观设计研究——以蓟县玉龙滑雪场二期开发为例 [J].建筑与文化，2016（10）：180-181.

[214] 曾旭东，周鑫，张磊.BIM 技术在建筑设计阶段的正向设计应用探索 [J].西部人居环境学刊，2019，34（6）：119-126.

[215] 刘鑫.基于 BIM 的道路线形设计及安全评价 [D].重庆：重庆交通大学，2017：37-49.

[216] 袁旸洋，成玉宁.参数化风景环境道路选线研究 [J].中国园林，2015，31（7）：36-40.

[217] 汤国安，杨昕，等.地理信息系统空间分析实验教程 [M].北京：科学出版社，2018：328-333.

[218] 丁小辉.基于 BIM 数据源的三维 GIS 数据模型及其应用研究 [D].长春：中国科学院大学（中国科学院东北地理与农业生态研究所），2019：31-41.

[219] ISIKDAG U, ZLATANOVA S. Towards defining a framework forautomatic generation of buildings in CityGML using building Information Models[M]// LEE J, ZLATANOVA S. 3D geo-information sciences. Berlin, Heidelberg: Springer 2009: 79-96.

[220] NAGEL C, STADLER A, KOLBE T. Conversion of IFC to CityGML[C]//Meeting of the OGC 3DIM working group at OGC TC/PC meeting, Paris (Frankreich). 2007: 2-10.

[221] LAAT R, BERLO L. Integration of BIM and GIS: the development of the CityGML GeoBIM extension[M]//KOLBE T H, KONIG G, NAGEL C. 3D geo-information sciences. Berlin, Heidelberg: Springer, 2011: 211-225.

[222] 黄炎，邓敏，王欣南.基于 BIM 和驾驶模拟的道路安全评价研究 [J].交通科技，2022（1）：28-33.

[223] CASTAÑEDA K, SÁNCHEZ O, HERRERA R F, et al. BIM-based traffic analysis and simulation at road intersection design[J]. Automation in construction, 2021, 131: 103911.

[224] DOLS J F, MOLINA J, CAMACHO-TORREGROSA F J, et al. Development of driving simulation scenarios based on building information modeling（BIM）for road safety analysis[J]. Sustainability, 2021, 13（4）: 2039.

[225] 张欢欢，蔡宁，蒋宇一，等.面向异构资源环境的 BIM 道路施工进度优化方法 [J].计算机工程与设计，2016，37（4）：1042-1050.

[226] 文雅，孟依柯，汪传跃，等.基于 BIM 平台的海绵城市系统优化设计及评估 [J].中国给水排水，2021，37（12）：98-103.

[227] 杜春兰，贾刘耀，林立揩.山地城镇在地景观研究：缘起、发展与展望 [J].中国园林，2020，36（12）：6-12.

[228] 杜春兰，刘廷婷，毛华松.山地城镇景观的复杂性与应对策略研究——以巴渝城镇为例 [J].风景园林，2016（7）：80-88.

[229] 杜春兰，卢扬煦，李波，等.山地城市滨水公园水敏性设计研究——以重庆市金海湾公园为例 [J].包装世界，2016（1）：96-99.

[230] 毛华松，罗评.响应山地空间特征的公园城市建设策略研究 [J].中国名城，2020（3）：40-46.

[231] 毛华松，张兴国.基于景观生态学的山地小城镇建设规划——以重庆柳荫镇为例 [J].山地学报，2009，27（5）：612-617.

[232] 小编 4 号.美国 AGC.Bentley 是什么软件？与 Revit相比 Bentley 有何亮眼之处 [EB/OL].[2022-2-25].http：//www.chinarevit.com/revit-76223-1-1.html.

[233] MA Z，REN Y. Integrated application of BIM and GIS: an overview[J]. Procedia engineering，2017，196：1072-1079.

[234] ZHU J，WU P. Towards effective BIM/GIS data integration for smart city by integrating computer graphics technique[j]. Remote sensing，2021，13（10）：1889.